METODOLOGÍA DE LA INVESTIGACIÓN

PREGUNTAS DE INVESTIGACIÓN, MÉTODOS & TODO MENOS TESIS

Oh...mucho trabajo... lo haré más tarde...

DR. JOSÉ LUIS ABREU QUINTERO

Monterrey, México 2015

Datos del Libro

Autor: Dr. José Luis Abreu Quintero

Título: Metodología de la Investigación

Subtítulo: Preguntas, Métodos & Todo Menos Tesis

Edición 2015

Editado por:

UNIVERSIDAD AUTÓNOMA DE NUEVO LEÓN

(UANL). CEDEEM - FACPYA.

Av. Universidad s/n, Ciudad Universitaria. San Nicolás
de los Garza, NL, México. 66450

ISBN-13: 978-1530295524

ISBN-10: 1530295521

Printed in the United States of America (USA)

Directorio UANL

MC. Rogelio Guillermo Garza Rivera
Rector
UANL

MA. Carmen del Rosario de la Fuente García
Secretario General
UANL

Dr. Juan Manuel Alcocer González
Secretario Académico
UANL

Dr. Sergio Salvador Fernández Delgadillo
Secretario de Investigación, Posgrado e Innovación
UANL

M.A.E. María Eugenia García de la Peña
Directora
FACPYA-UANL

Dr. José Nicolás Barragán Codina
Subdirector
CEDEEM y Posgrado FACPYA-UANL

INDICE

INDICE

INDICE

INDICE

INTRODUCCIÓN

Es interesante y sorprendente conocer que históricamente está registrado que la pregunta de investigación, base del cuestionamiento científico, tiene cerca de 4000 años de existencia.

En adición, el método científico ha estado estacionado en la comunidad científica casi por 1000 años. Como se puede observar la curiosidad científica es una manifestación de la naturaleza humana y ha permanecido intacta durante la evolución histórica de la humanidad desde que Zaratustra & Ibn Al-Haytham hicieran sus cuestionamientos científicos en la búsqueda de nuevos conocimientos.

Cabe destacar que este libro no es sobre la historia del método científico, más bien se pretende dar orientaciones básicas para la formulación de proyectos de investigación para asegurar la congruencia de la investigación.

Este es un libro que ofrece una metodología de investigación sencilla con bases y criterios rigurosamente científicos que se ajustan a los requisitos demandados por las actividades de investigación más actualizadas.

Como tema de interés y curiosidad científica, se establece que el síndrome Todo Menos Tesis (TMT) define a un conjunto de estudiantes que habiendo concluido todas las asignaturas o requisitos de una carrera, se retrasan o no terminan la tesis. Se determina que es un problema multifactorial con múltiples causas, entre las cuales se encuentran el diseño curricular y su influencia en el rendimiento en postgrado, variables de tipo cognoscitivo afectivo y social, entre otras. En el libro de forma interesante y entretenida se plantean soluciones al síndrome de todo menos tesis.

BREVE HISTORIA DEL MÉTODO CIENTÍFICO

BREVE HISTORIA DEL MÉTODO CIENTÍFICO

Zaratustra, Primer Filósofo y Astrónomo

Zaratustra nació el 26 de Marzo de una incipiente primavera en el año de 1767 AC. Zaratustra fue un astrónomo, el fundó un observatorio y reformó el calendario introduciendo un periodo intercalado de once días para hacerlo un calendario lunisolar de 365 días, 5 horas y una fracción. Posteriormente, el año fue hecho solamente año solar con cada mes de treinta días. Un intercalado de cinco días fue incorporado, y una adición de un día cada cuatro años fue introducida para hacer el año de 365 días, 5 horas y una fracción. Todavía más tarde, el calendario fue corregido para ser solamente año solar de 365 días, 5 horas, 48 minutos, 45.5 segundos. El año comenzó precisamente con el equinoccio de primavera cada vez, y entonces no hubo necesidad de agregar un día cada cuatro años y no hubo necesidad de un año bisiesto. Este fue el mejor y más correcto calendario producido hasta entonces.

Se hace especial referencia a Zaratustra como *precursor de las preguntas de investigación*, ya que en su tratado filosófico de la ética conocido como ***Los Gathas*** formula una serie de abundantes preguntas filosóficas de investigación acerca de la naturaleza como un sistema sustentable creativo y amigable.

A continuación se presentan las primeras preguntas de investigación filosóficas registradas históricamente y formuladas por Zaratustra:

¿Que mantiene al Sol y a las estrellas en sus senderos?

¿Que es lo que hace a la luna crecer y menguar?

¿Que sostiene a la tierra abajo, quien mantiene al cielo sin que se rompa?

¿Que crea el agua, y las plantas?

¿Y que presta al viento y a las nubes su velocidad?

Ibn Al-Haytham, Creador del Método Científico

El método científico experimental que actualmente se conoce fue desarrollado en Irak por el físico y científico árabe Ibn Al-Haytham (Alhazen), quien utilizó la experimentación y las matemáticas para publicar resultados en el año 1021 en su *Libro de Óptica* (Gorini, 2003). Él logró combinar observaciones, experimentos y argumentos racionales para apoyar su teoría de la intromisión de la visión, en la que los rayos de luz son emitidos por los objetos más que por los ojos.

Él utilizó argumentos similares para demostrar que la antigua teoría de la emisión de la visión apoyada por Ptolomeo y Euclides (en el que los ojos emiten los rayos de luz que se utilizan para ver), y la teoría de la intromisión antigua apoyada por Aristóteles (en donde los objetos emiten partículas físicas hacia los ojos), estaban erradas. (Lindberg, 1976). El método científico de Ibn Al-Haytham es idéntico al moderno método científico y consta de los siguientes procedimientos:

- Declaración explícita de un problema, vinculado a la observación y la prueba por experimentos.
- Pruebas y / o críticas de hipótesis con la experimentación.
- Interpretación de los datos y la formulación de una conclusión con análisis matemáticos.
- La publicación de los resultados

La pregunta de investigación de Ibn Al-Haytham fue:

¿Cómo viaja la luz a través de cuerpos transparentes?

La hipótesis de investigación de Ibn Al-Haytham fue:

"La luz viaja a través de cuerpos transparentes solamente en línea recta".

Él mencionado científico percibió el hecho de que la luz viaja en línea recta al observar luces que entran en cuartos oscuros a través de agujeros. Al entrar la luz se observa claramente en el polvo que está en el aire.

Su comprobación de la hipótesis consistió en colocar un palo recto o un hilo tenso al lado del haz de luz, para demostrar que la luz viaja en línea recta.

Él escribió que "no podemos ir más allá de la experiencia, y no podemos contentarnos con utilizar los conceptos puros en la investigación de los fenómenos naturales, ya que la comprensión de estos no puede ser adquirido sin las matemáticas". Después de asumir que la luz es una sustancia material, él no habla de su naturaleza sino que limita sus investigaciones a la difusión y propagación de la luz. Las únicas propiedades de la luz que tiene en cuenta son los que se pueden medir mediante la geometría y verificar con el experimento. Este ha sido un legado que ha permanecido por casi 1000 años, el cual la comunidad científica ha aceptado hasta la actualidad.

LA CURIOSIDAD CIENTIFICA

LA CURIOSIDAD CIENTIFICA

"Lo importante es no dejar de cuestionar. La curiosidad tiene su propia razón de existir. Uno no puede dejar de tener temor cuando contempla los misterios de la eternidad, de la vida, de la maravillosa estructura de la realidad. Es suficiente si uno trata simplemente de comprender un poco de este misterio cada día. Nunca pierdas la sagrada curiosidad." Albert Einstein

En un estudio sobre curiosidad Kashdan, Rose & Fincham (2004) la definen como como una disposición para indagar, investigar o buscar el conocimiento, el deseo de gratificar la mente con nueva información o de los objetos de interés. Ellos determinan que la curiosidad por lo tanto, se superpone con otros constructos tales como el sistema de activación conductual, el afecto positivo y la búsqueda de sensaciones. Al presentar la teoría y la investigación que distinguen a la curiosidad de constructos relacionados, la curiosidad es definida como un sistema positivo emocional-motivacional asociado con el reconocimiento, la persecución, y la auto-regulación de oportunidades nuevas y desafiantes.

Depue (1996); Spielberger y Starr (1994) postularon que la curiosidad es un componente motivacional importante que enlaza a la novedad y al desafío con las oportunidades de crecimiento. El principal elemento para facilitar el crecimiento personal es la sensibilidad a sus requisitos previos. La curiosidad pide comportamientos proactivos e intencionales en respuesta a estímulos y actividades con las siguiente propiedades: la novedad, la complejidad, la incertidumbre y el conflicto. Berlyne (1960, 1967, 1971) ha propuesto dos tipos de exploración:

a) Curiosidad diversiva: la búsqueda activa de diversas fuentes de novedad y desafío.

(b) Curiosidad específica: que activamente busca profundidad en el conocimiento y experiencia con un determinado estímulo o actividad.

Estos dos componentes parecen trabajar en conjunto de forma tal que la curiosidad diversiva fomenta el contacto con nuevos estímulos y oportunidades, y la curiosidad específica es activada por estímulos de inherente incertidumbre y complejidad que pueden ser disfrutados al obtener más información (Day, 1971; Krapp, 1999).

Csiksentmihalyi (1990); Izard (1977) han afirmado que la curiosidad es claramente una experiencia agradable e intensa. En adición, Deci (1975) asegura que la curiosidad hace que las personas busquen intereses y deseos personalmente significativos y por lo tanto es intrínsecamente motivadora.

Para Sarker (2012) la curiosidad es la fuerza que impulsa el trabajo científico. La curiosidad se inicia en una fase muy temprana. Como bebés las personas son naturalmente muy curiosas. Se ha pensado que la mente humana es como una isla rodeada por un mar de preguntas. Vamos en este viaje increíble tratando de recoger las piezas del rompecabezas, y cada día tratamos de obtener un cuadro más grande del mundo colocando juntas a las pequeñas piezas del rompecabezas. Este es nuestro punto de vista de todo el mundo que nos rodea.

La curiosidad es responsable de lo que hoy somos, de cómo nos desarrollamos en la actualidad. En el corazón de todo el avance tecnológico que nos rodea se encuentra la curiosidad. Una vez que nuestros primeros antepasados vagaban por las sabanas en busca de las necesidades básicas de la vida, como alimentos, refugio y ropa, y ahora, si miramos a nuestro alrededor, existe un gran avance tecnológico. Por lo tanto, hay que pensar que, en el corazón de esas cosas se encuentra la búsqueda del conocimiento, nuestro instinto natural para encontrar las respuestas a los millones de preguntas que rodean nuestra mente (Sarker, 2012).

Cada investigación es un rompecabezas, porque cada investigación tiene que ver la cuestión de por qué, cómo, qué, cuándo? Siempre están esas preguntas. Por lo tanto, estas son las piezas del rompecabezas que se intenta armar y se obtiene la imagen más grande del mundo. Se intenta conectar el conocimiento de ayer al conocimiento de la actualidad. Esta conexión es muy importante porque se trata de cómo se va a tener una mejor idea del problema, o el mundo, o la investigación que se está tratando de hacer. Así que cuando trabajamos en un laboratorio, o cuando hacemos un trabajo de investigación todos los días, nos encontramos con nuevos problemas y nuevos desafíos. Hay que hacer preguntas, ya esto es lo que tiene que ver con la investigación (Sarker, 2012).

El investigador tiene que continuamente y sin descanso hacer preguntas. Es casi como un niño. El niño tiene el mundo entero, pequeño mundo, a su alrededor y trata de explorar con su sentido del tacto, el olfato. Y así la investigación es casi como eso. El investigador tiene el mundo que le rodea y trata de explorar ese mundo, pero él tiene que compartir su conocimiento porque podría estar haciendo un experimento del tiene algún conocimiento, pero del que la persona a su lado podría tener un mejor conocimiento en ese experimento. Así que siempre hay que tratar de compartir los conocimientos en el campo de la investigación. Creo que eso es un aspecto muy esencial, no importa en qué área esté el investigador, porque no se puede sobresalir en todo. Siempre existe alguien que podría tener un mejor conocimiento del campo. Es siempre necesario tratar de compartir ideas, y eso es un aspecto muy esencial al hacer un trabajo de investigación (Sarker, 2012).

Siguiendo el orden de ideas establecido en esta sección, tenemos que Heitner (2012) afirma que se necesita ser curioso para ser investigador. Se necesitan dos cosas: creatividad y curiosidad. La curiosidad lleva a figurarse lo que no es conocido y lo que necesita ser conocido. Lo primero que debe decidirse es donde está la brecha que afecta la problemática de investigación y observar todos los aspectos

Es necesario estar curioso sobre el tema de la investigación, observar todos los aspectos de este y entender lo que es. ¿Es algo en el ambiente? ¿Es algo en la cultura organizacional? ¿Es algo en las relaciones interpersonales? Hay que abrir la mente para ser curioso sobre todo y mirar a las diferentes alternativas (Heitner, 2012).

De acuerdo con la teoría y la investigación previa en la curiosidad y los constructos relacionados a esta (Amabile, 1993; Fredrickson, 1998), los resultados de Kashdan, Rose & Fincham (2004) indican que la curiosidad se asocia con experiencias subjetivas positivas; evaluaciones positivas del yo, mundo y del futuro; con creencias de que las metas son alcanzables y los obstáculos pueden ser eludidos; tendencias generales a disfrutar de los esfuerzos cognitivos y a estar abiertos a nuevas experiencias y nuevas ideas, y las tendencias auto-determinadas para reconocer, perseguir y prosperar en el placer, la excitación y el desafío.

PLANTEAMIENTO DEL PROBLEMA

PLANTEAMIENTO DEL PROBLEMA

Antecedentes del Problema

Los antecedentes del problema presentan un resumen concreto de las investigaciones o trabajos efectuados sobre el tema de investigación, con el objeto de informar cómo ha sido enfocado. Es decir, qué clases de estudios se han realizado, las características resaltantes de los sujetos, cómo se han registrado los datos, en qué sitios se han llevado a cabo y qué diseños se han aplicado. Los antecedentes son el punto de inicio para la delimitación del problema ya que ayuda a formular el problema planteado (UADSC, 2012).

Los antecedentes del problema deben diferenciarse de los antecedentes de la investigación. Los antecedentes del problema señalan presencia de un problema, los antecedentes de la investigación señalan lo que se ha hecho al respecto. Aunque existen obvias correlaciones directas e indirectas entre ambos criterios hay que diferenciarlos claramente (UADSC, 2012).

En su guía de redacción de antecedentes del problema el UADS (2012) sugiere seguir los siguientes pasos:

1. Señalar que se ha dicho y hecho al respecto.
2. Indicar en dónde se presentan cuestionamientos ante diferentes perspectivas para atender a la problemática.
3. Situar el problema concreto.

"Para lograr esto hay que usar un estilo de redacción como si fuera un embudo partiendo de hechos, situaciones y datos más amplios y más lejanos en tiempo y conforme uno avanza en la redacción ir estrechando o delimitando en términos de un marco más estrecho de datos y cercano en tiempo. Datos de temática más amplia y general a una menos amplia y más concreta y tiempo del pasado al presente." (UADSC, 2012).

Relevancia de la Definición del Problema

La identificación del problema es el paso más importante del método científico y se presenta como la etapa más complicada en la formulación de un estudio de investigación, esto es debido a la cantidad de variables correlacionadas que intervienen en el dominio del mismo.

El nacimiento de un proyecto de investigación se origina en la identificación del problema, la explicación de los factores y componentes principales de éste y la exposición de las posibles dimensiones de estudio, es decir, nace con las acciones de identificación del problema y termina con la determinación de las dimensiones de estudio.

Es imperativo diferenciar la problemática existente con la ausencia de una solución, ya que en investigación esto conduciría en forma sesgada a tomar una opción determinada sin estudiar las potenciales alternativas.

La adecuada definición del problema es determinante para el desarrollo de un proyecto de investigación, ya que a partir de esta se establece toda la estrategia que implica la elaboración del proyecto científico. No se puede llegar a la definición satisfactoria del problema si no se hace primero el intento de conocerlo de una manera razonable.

Identificación, Análisis o Definición del Problema

Uno de los principales elementos para definir en forma acertada a un problema de investigación, tanto en el ámbito administrativo como social, es buscar diferentes dimensiones del problema y escoger las mejores de ellas. Para lograrlo, no es necesario orientarse sólo por competencias intuitivas o simple empirismo, sino que debe haber un conocimiento de la problemática planteada y utilizarse una metodología adecuada. Para lograr un excelente análisis es imprescindible, en primer lugar, tener conocimiento del problema. Esto quiere decir que es necesario identificarlo completamente para estar en la capacidad de realizar propuestas de alternativas de estudios que respondan al problema. En segundo lugar, para realizar propuestas de estudios hay que considerar especialmente que la importancia de una buena identificación del problema depende los siguientes factores:

- Conocer las causas y efectos del problema.
- Establecer los fines que se persigue con la definición del problema

- Determinar cuales serán los medios a utilizar para llevar a cabo el estudio científico del problema.

En esta etapa de la investigación científica es importante poder estructurar alternativas de análisis y estudio del problema para orientar las acciones de investigación que mejor respondan al planteamiento del problema.

El paso inicial para plantear un problema es lograr identificarlo de forma correcta y congruente. Para llegar a este nivel, existen un conjunto de enfoques e instrumentos de apoyo, dentro de los cuales resalta la técnica del árbol de problemas, la cual apoya en la identificación de las causas y los efectos que interactúan en un problema de investigación.

En este sentido, el primer asunto a perseguir en el análisis es el de llevar a cabo la definición de un problema central, esto significa obtener el método como debe expresarse en forma entendible el tópico que se quiere investigar.

La definición del problema de investigación no es una tarea simple, esto ocurre debido que en la mayoría de las ocasiones la información disponible previamente que se obtiene respecto de un problema de investigación puede ser informal y variada o pueden ser ideas no muy bien elaboradas en la mente del investigador.

En relación a los problemas que se presentan en la investigación, cabe destacar que hay que ordenarlos, jerarquizarlos y priorizarlos, para ello deben analizarse en detalle, identificar cual es verdaderamente el problema de investigación que se va a abordar y conocer los elementos que conforman causas y efectos, de manera tal que puedan ordenarse dentro de la lógica del proceso de investigación, la que se atenderá con mucho detalle cuando se estudie el árbol de problemas.

En forma esquemática la lógica de investigación causal entre causas, problema y efectos se puede presentar en el cuadro 1 de la siguiente manera:

Cuadro 1. Ordenamiento de Causas, Problema y Efectos

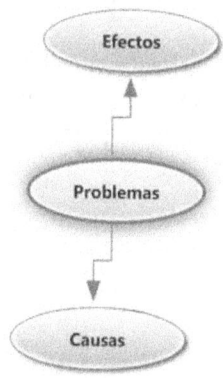

Fuente: Autor

El cuadro 1 sugiere que existen dos pasos importantes: primero, identificación del problema, y luego, análisis del problema.

En adición, ante una variedad de problemas que se presentan alrededor de una investigación, es importante establecer prioridades y jerarquías de cada uno de los problemas definidos. Esto significa que se debe indicar cuál es la importancia de un problema respecto de los demás problemas. En forma complementaria, es necesaria la identificación y señalización de las relaciones entre los problemas de investigación, algunos problemas presentarán relaciones causales, o sea, un problema ocasiona otro y se observarán otros problemas que no tendrán relaciones. De esta manera, se define un problema central, de mayor importancia ó prioridad, para analizar en base a relaciones causales, y además, se podrán diferenciar otros problemas que no estén vinculados con criterio de selección y que pueden formar parte de un futuro análisis.

El Árbol de los Problemas

La identificación, análisis o definición de problemas es el primer paso para la formulación de los objetivos de la investigación. En este sentido, este análisis es el que se utiliza para la identificación de las dimensiones de la investigación del planteamiento del problema, y constituye, por tanto, la primera fase de un proceso de formulación y desarrollo de proyectos de investigación.

El primer paso de la metodología propuesta en este libro consiste en la elaboración del árbol de problemas, para lo cual se ha establecido seguir los siguientes pasos:

- Análisis e identificación de los principales problemas en la investigación propuesta.
- Definición del problema central del estudio de investigación planteado.

- Establecer un criterio jerárquico de los factores que intervienen en el problema de investigación que se ha identificado y que hace que se amerite la realización de un proyecto de investigación, es decir, valorar los efectos más importantes del problema planteado, con la finalidad de analizar y verificar la importancia de este. En síntesis, hacer un registro de las causas del problema central detectado.

- Diagramación del árbol de causas y efectos vinculado al problema de investigación.

- Realizar una revisión detallada de la validez del problema de investigación planteado en relación a las causas y efectos de sus variables.

Siguiendo con el orden de ideas establecido, se analizan los efectos del problema de investigación central como se indica en el gráfico 1.

Gráfico 1. El Árbol de los Problemas de Investigación: Análisis de los Efectos

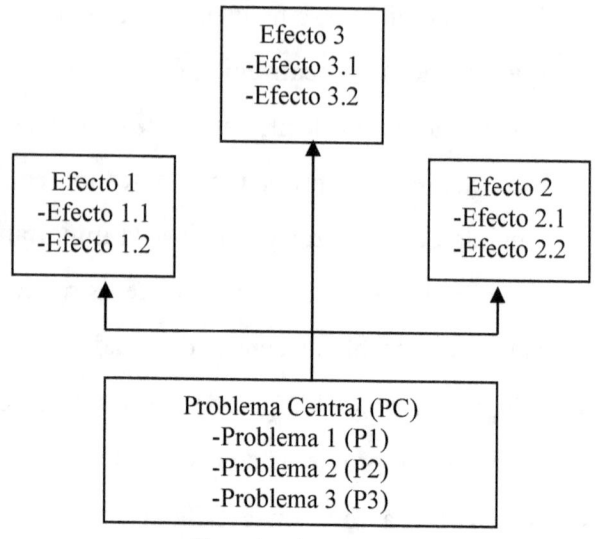

Fuente: Autor

El problema central (PC) se segmenta en sus componentes Problema 1 (P1), Problema 2 (P2) y Problema 3 (P3), y se vincula con sus efectos (Efecto 1, Efecto 2 y Efecto 3). Luego se identifican en forma correlativa las causas enlazadas con los efectos (Gráfico 2). Es importante hacer un análisis de encadenamiento de causas y efectos. Mientras más descripciones se

44

tengan de causas y efectos mejor se desarrollara el planteamiento del problema.

Gráfico 2. El Árbol de los Problemas: Análisis de Causas (Fuente: Autor)

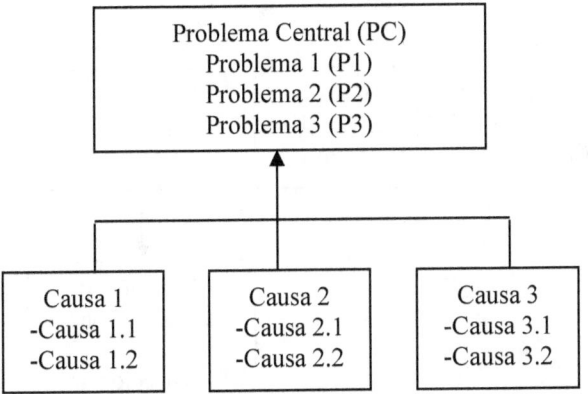

Para la elaboración del árbol de los problemas, se sugiere formular el problema como una dimensión negativa y centrar el análisis de causas y efectos en un problema central segmentado en sus componentes más relevantes.

Es importante entender que al relacionar problemas, causas y efectos afines se obtienen dimensiones de investigación (Gráfico 3):

Gráfico 3. Las Dimensiones de la Investigación

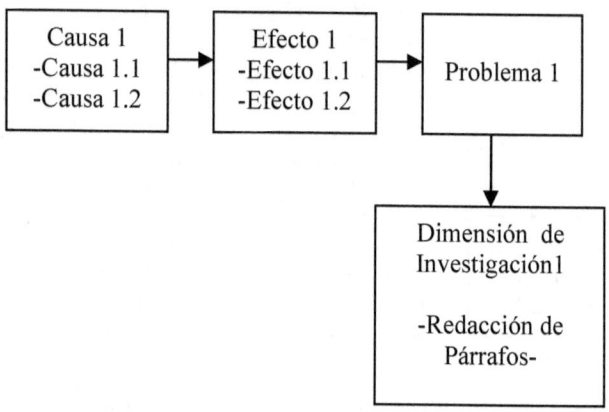

Fuente: Autor

Un proyecto de investigación, de acuerdo a su complejidad puede estar conformado por varias dimensiones de investigación o de estudio, las cuales estarán soportadas por la redacción de párrafos de soporte en el planteamiento del problema.

PREGUNTAS DE INVESTIGACIÓN

PREGUNTAS DE INVESTIGACIÓN

Antecedentes de las Preguntas de Investigación

Desde una visión amplia, las preguntas de investigación señalan el problema que el investigador se plantea investigar. Más concretamente, las preguntas de investigación son declaraciones en forma interrogativa que reflejan "una extensión de la declaración del propósito del estudio en el que se especifica exactamente la pregunta que el investigador buscará responder" (Johnson y Christensen, 2004, p. 77). Las preguntas de investigación pueden formularse sobre la base de teorías, investigaciones pasadas, experiencias previas, o la necesidad práctica de tomar decisiones basadas en información de una base datos del entorno de estudio. Por esta razón, sirven como señales para el lector, anticipando los detalles relevantes y específicos de la investigación (Onwuegbuzie, 2006).

Roles de las Preguntas de Investigación

Las preguntas de investigación tienen varias funciones. En particular, proporcionan un marco para la realización del estudio, ayudan al investigador a organizar la investigación, dándole relevancia, dirección, y coherencia, ayudando así a mantener el investigador centrado durante el curso de la investigación. Las preguntas de investigación también delimitan el estudio, revelando sus límites. Además, las preguntas de investigación dan lugar al tipo de datos que son finalmente recogidos.

La determinación de las preguntas de investigación es un paso muy importante, tanto en el proceso de investigación cuantitativa como en el proceso de investigación cualitativa debido a que estas preguntas estrechan los objetivos y los propósitos de la investigación para conformar preguntas específicas que los investigadores intentan abordar en sus estudios (Creswell, 2005; Johnson y Christensen, 2004 en Onwuegbuzie, 2006).

En un taller de propuesta de disertaciones conducido por el Institute of International Studies de la Universidad de California (2011) se concluyó que la pregunta de investigación es la parte más crítica de la propuesta de investigación, esta define la propuesta, guía a los argumentos y a la investigación, y provoca el interés de la crítica. Si las preguntas no se formulan bien, no importa lo fuerte que este el resto de la propuesta, ya que es poco probable que tenga éxito.

Debido a esto, es común para el investigador pasar más tiempo en la investigación, conceptualización y formación de cada palabra de la pregunta de investigación que en cualquier otra parte de la propuesta. Para escribir una buena pregunta de investigación se necesita tiempo, una pregunta de investigación fuerte debe ser evocativa, relevante, clara e investigable.

Preguntas Evocativas

Preguntas evocativas son los que captan el interés de la crítica y hacen atractiva la propuesta. Es igualmente necesario que se adhieran fácilmente en la memoria de los revisores, después de leer la propuesta. Las preguntas deben ser sugerente debido a que se dedican a temas difíciles de investigar: que plantean enfoques innovadores a la exploración de problemas, y debido a esto las respuestas encontradas están lejos de ser evidentes. No hay una única manera de formar una pregunta conceptualmente innovadora.

Las preguntas evocativas son tomadas a partir de preocupaciones sociales o teóricas muy contemporáneas. Por ejemplo, preguntas sobre la crisis energética, los tribunales internacionales, el nacionalismo, o el aumento de las protestas antiglobalización es probable que alcanzar su punto máximo en los intereses de los demás porque son preguntas cuya relevancia será claramente discernible para los revisores.

Es necesario enmarcar la pregunta de investigación en torno a una paradoja provocativa. Por ejemplo, ¿Por qué las organizaciones indígenas de Bolivia se redujeron notablemente, mientras que el número y la cantidad de fuentes de financiamiento han aumentado? O ¿Por qué los conflictos violentos por los recursos forestales aumentaron en los últimos diez años, mientras que las mismas personas involucradas en estos conflictos se han vuelto menos y menos dependiente de los recursos forestales para sus medios de vida? Hay muchas respuestas posibles a estas preguntas y la investigación en última instancia, puede desafiar una explicación propia, esto en sí mismo puede ser un descubrimiento relevante. Estos tipos de paradojas atraen al lector a la propuesta y crean una situación en la que la investigación se convierte en piezas provocativas del rompecabezas y dejan en claro una necesaria comprensión mucho más amplia.

La pregunta que se enfoca en un viejo problema de manera nueva y refrescante, o que propone un sorprendente punto de análisis en un difícil dilema, es probable que sea evocativa para los revisores. Esto podría implicar una nueva metodología, un nuevo enfoque conceptual, o la vinculación de dos campos anteriormente dispares del conocimiento. Estos enfoques innovadores desarrollan la confianza intelectual del investigador y son una promesa para nuevas comprensiones y visiones de viejas y difíciles preguntas.

Preguntas Relevantes

Las preguntas que demuestren claramente su importancia para la sociedad o para la literatura y debates académicos es probable que tengan más interés por parte de los revisores. Por supuesto, la relevancia de una pregunta de investigación, por no hablar de la cuestión de a quien le resulta relevante, puede variar ampliamente de acuerdo a la fuente de financiamiento de la cual depende la investigación o de otras limitantes.

Si la propuesta puede presentar a un campo determinado o dilema y después apuntar a una parte específica que falta en ese campo o dilema- un vacío que será llenado por la respuesta a su pregunta de investigación - la investigación es probable que reciba un importante apoyo. Los evaluadores reconocerán su importancia para una comunidad más amplia de investigadores.

Incluso si se está trabajando en un tema estrecho o en un lugar específico, se deben hacer preguntas que ayuden a relacionar la investigación a las tendencias más amplias, patrones y contextos.

Hacer esto ayuda a mostrar cómo el financiamiento de un proyecto de investigación, aparentemente distinto ayuda a promover debates más grandes. Por ejemplo, mostrar cómo alguien que trabaja en una pequeña ciudad en la Mongolia Exterior ayudará a entender el proceso más amplio de transformaciones de la economía post-soviética.

Preguntas Claras

Las preguntas claras tienden a ser breves, simples conceptualmente, y libres de jerga. Esto no quiere decir que tienen que ser simplistas, pero hay que guardar el lenguaje disciplinado abstracto y teórico para el análisis. Hay que trabajar para mantener las preguntas tan lúcidas y sencillas como sea posible. Esto puede ser más fácil en algunos casos que en otros, pero algunas de las propuestas más fuertes y, teóricamente, más sofisticadas encontradas han sido formadas por preguntas de investigación sencillas. En contraste, la mayoría de las preguntas complicadas tienden a aparecer en propuestas en que el investigador parece más interesado en demostrar sus conocimientos teóricos que en el desarrollo de la propia investigación.

Es necesario mantener las preguntas cerca del tema o el lugar en que se está investigando. Preguntas que son demasiado abstractas y obtusas hacen que sea difícil para el lector determinar la pertinencia de la pregunta y la intención. No obstante, se debe vincular a la pregunta con un contexto más amplio, dentro de un marco de conexión temporal y especificidades espaciales. En adición, debe evitarse que las preguntas estén cargadas de demasiadas variables o cláusulas ya que hace que estas sean difíciles de leer y difíciles de investigar.

Preguntas Investigables

Las preguntas de investigación deben ser claramente factibles. Una de las razones más comunes para rechazar propuestas de investigación es que la pregunta sea sencillamente demasiado expansiva (o costosa) para ser llevada a cabo por el investigador. Por encima de todo hay que tomar en cuenta las limitaciones. Muchas cuestiones prácticas deben tenerse en cuenta al momento de elegir el tema de la investigación.

La primera de ellas es: ¿Cuánto tiempo durará la investigación? ¿Existen los conocimientos apropiados para llevar a cabo la investigación? ¿Existen limitaciones éticas? ¿Se podrá obtener la cooperación de las personas, comunidades e instituciones necesarias para responder a la pregunta? ¿Son los costos de llevar a cabo la investigación más de lo que será la probabilidad de obtener financiamiento? Si no se puede terminar el proyecto ¿se podrá segmentar y hacer frente a los más importantes componentes? Escribir una pregunta de investigación es un proceso iterativo y tales preocupaciones deben ser cuidadosamente consideradas en el diseño de la investigación y en su presupuesto.

Tipos de Preguntas de Investigación

Puesto que el objetivo de las disertaciones es responder a una o más preguntas de investigación, la comprensión de cómo crear tales preguntas de investigación es sumamente apropiado (Lund & Lund, 2010).

Johnson & Christensen (2004) establecen que las preguntas de investigación cualitativas y las preguntas de investigación cuantitativas difieren con respecto a sus estructuras.

Preguntas de Investigación Cuantitativas

Las preguntas de investigación cuantitativas, a diferencia de sus contrapartes cualitativas, tienden a ser muy específicas en su naturaleza. Además, la mayoría de las preguntas de investigación cuantitativas caen en tres categorías: (a) Descriptivas, (b) Comparativas, y (c) De Relaciones.

Las preguntas descriptivas simplemente tratan de cuantificar las respuestas en una o más variables. Estas preguntas pueden comenzar con las palabras "¿Qué es ...?" o "¿Qué son ...?" Ejemplos de una pregunta de investigación descriptiva son "¿Cuáles son las razones que dan los estudiantes de postgrado para inscribirse en un curso de educación a distancia?" "¿Cuál es la tasa de graduación de doctorado de los estudiantes de una programa de educación a distancia?" y "¿Cuál es el promedio de calificación de los estudiantes inscritos en un programa de nivel doctoral de educación a distancia?".

Las preguntas comparativas buscan comparar dos o más grupos sobre el resultado de alguna variable (por ejemplo, dependiente). Estas preguntas suelen utilizar palabras como "diferenciar" y "comparar". Preguntas comparativas de dos grupos por lo general se pueden escribir con el siguiente formato: "¿Cuál es la diferencia en _____(variable dependiente) entre _____ (Grupo 1) y _____(Grupo 2)?". Esta pregunta se puede ampliar fácilmente para tres o más grupos.

Ejemplos de preguntas de investigación comparativas para el caso de dos grupos son las siguientes: "¿Cuál es la diferencia en las actitudes hacia las matemáticas entre los alumnos de primer grado y tercer grado?" y "¿Cuál es la diferencia en los niveles de ansiedad estadísticas entre hombres y pregrado estudiantes?

Las preguntas comparativas también puede ser causales en su naturaleza, tales como las siguientes: "¿Cuál es el efecto de las técnicas de aprendizaje cooperativo en el rendimiento académico de los estudiantes de secundaria?". Tales preguntas causales son implícitamente comparativas en su naturaleza.

Las preguntas de relación se refieren a la relación entre las tendencias entre dos o más variables. Estas preguntas suelen utilizar palabras como "relacionar", "relación", "asociación", y "tendencia", las preguntas de relación que involucran dos variables por lo general puede ser escritas utilizando el formato siguiente:

"¿Cuál es la relación entre _____ (variable independiente) y _____ (variable dependiente) en _____ (población)?". Esta pregunta se puede ampliar fácilmente para tres o más variables.

Ejemplos de preguntas de investigación de relaciones son las siguientes: "¿Cuál es la relación entre la edad y la satisfacción laboral de las enfermeras registradas?" y "¿Cuál es la relación entre los niveles educativos de los padres y los niveles de depresión entre los estudiantes de secundaria?"

Desde la pregunta de investigación cuantitativa se pueden conducir diseños de investigación cuantitativa (histórico, descriptivo, correlacional, causal, comparativo, quasiexperimental y experimental.

Las buenas preguntas cuantitativas deben identificar a la población y a la variable dependiente (s), sea que representen preguntas descriptivas, comparativas, o de relación. Si representan preguntas de investigación comparativas o de relación, entonces la variable independiente (s) también debe ser identificable.

En adición, de acuerdo a Lund &Lund (2010) existen tres grandes tipos de preguntas de investigación cuantitativas:

• Preguntas de la investigación descriptivas.
• Preguntas de investigación comparativas.
• Preguntas de investigación basadas en correlaciones.

Las preguntas de investigación descriptivas simplemente pretenden describir las variables que se miden. Cuando se usa la palabra describir, se quiere decir que estas preguntas tienen por objeto la investigación para cuantificar las variables de interés. Hay que pensar en las preguntas de investigación que comienzan con palabras tales como ¿Cuánto?, ¿Con qué frecuencia?, ¿Qué porcentaje? y ¿Qué proporción?, pero también a veces con preguntas de partida ¿Qué es? y ¿Cuáles son?. A menudo, las preguntas descriptivas de investigación se centran en una sola variable y un grupo, pero pueden incluir múltiples variables y múltiples grupos. Algunos ejemplos de preguntas de investigación descriptivas son:

Ejemplo 1 de pregunta de investigación descriptiva

Pregunta	¿Cuantas calorías consumen los Mexicanos por día?
Variable	Calorías consumidas por día
Población	Mexicanos

Ejemplo 2 de pregunta de investigación descriptiva

Pregunta	¿Cuantas calorías consumen los Mexicanos y las Mexicanas por día?
Variable	Calorías consumidas por día
Población	Mexicanos Mexicanas

Ejemplo 3 de pregunta de investigación descriptiva

Pregunta	¿Con qué frecuencia los estudiantes universitarios Mexicanos usan facebook cada semana?
Variable	Utilización semanal de facebook
Población	Estudiantes universitarios mexicanos masculinos; Estudiantes universitarios mexicanos femeninos

Ejemplo 4 de pregunta de investigación descriptiva

Pregunta	¿Con qué frecuencia los estudiantes universitarios Mexicanos de ambos sexos suben fotos y comentarios sobre las fotos de otros usuarios en facebook cada semana?
Variable	Comentarios Semanales sobre las fotos de otros en facebook
Población	Estudiantes universitarios mexicanos masculinos; Estudiantes universitarios mexicanos femeninos

Ejemplo 5 de pregunta de investigación descriptiva

Pregunta	¿Cuáles son los factores más importantes que influyen en las decisiones profesionales de los estudiantes universitarios Mexicanos?
Variable	Factores que influyen en las opciones de carrera
Población	Estudiantes universitarios Mexicanos

En cada una de estas preguntas de la investigación descriptivas se cuantifican las variables del estudio. Sin embargo, las unidades que se utilizan para cuantificar estas variables serán diferentes dependiendo de lo que se está midiendo. Por ejemplo, en las preguntas anteriores, interesan las frecuencias, como por ejemplo, el número de calorías, las fotos subidas, o los comentarios sobre las fotos de otros usuarios. En el caso de la pregunta final, ¿Cuáles son los factores más importantes que influyen en las decisiones profesionales de los estudiantes universitarios Mexicanos? Interesa el número de veces que cada factor (por ejemplo, salarios y beneficios, las perspectivas de carrera, condiciones físicas de trabajo, etc.) se clasifica en una escala del 1 al 10 (con 1 = menos importante y 10 = muy importante). Seguidamente, se puede optar por examinar estos datos mediante la presentación de las frecuencias, así como utilizando una medida de tendencia central y una medida de dispersión.

Sin embargo, también es común cuando se utilizan preguntas descriptivas de investigación, medir los porcentajes y proporciones, por lo que a continuación se presentan algunos ejemplos de preguntas de investigación descriptiva con esta particularidad:

Ejemplo 6 de pregunta de investigación descriptiva

Pregunta	¿Qué porcentaje de mexicanos y mexicanas exceden su asignación calórica diario?
Variable	Calorías consumidas por día
Población	Mexicanos Mexicanas

Ejemplo 7 de pregunta de investigación descriptiva

Pregunta	¿Qué proporción de los estudiantes Mexicanos universitarios de ambos sexos usan las 5 mejores redes sociales?
Variable	Uso de las 5 mejores redes sociales (Facebook, MySpace, Twitter, LinkedIn, y Classmates)
Población	Estudiantes universitarios Mexicanos de ambos sexos

En cuanto a la primera pregunta de investigación descriptiva acerca de la ingesta calórica diaria, no se está necesariamente interesado en las frecuencias, o el uso de una medida de tendencia central o medida de dispersión, sino que se quiere entender que porcentaje de hombres y mujeres mexicanos superan su asignación calórica diaria. En este sentido, esta pregunta de investigación descriptiva se diferencia de la pregunta anterior que expresa: ¿Cuántas calorías hombres mexicanos y mujeres mexicanas consumen al día? Si bien esta pregunta, simplemente quiere medir el número total de calorías (es decir, la parte

¿Cuántas calorías? Con que inicia la pregunta), en este caso, la pregunta tiene como objetivo medir el exceso, es decir, qué porcentaje de estos dos grupos (es decir, los hombres estadounidenses y las mujeres de América) es superior a la cantidad diaria calórica, que es diferente para los hombres (alrededor de 2500 calorías por día) y mujeres (alrededor de 2000 calorías por día).

Si se está realizando una investigación descriptiva y cuantitativa para el proyecto, es probable que se tenga la necesidad de crear un buen número de preguntas de investigación descriptivas. Sin embargo, si se está usando un diseño cuantitativo de investigación experimental o cuasi-experimental, o un diseño no experimental de investigación cuantitativa, es mas aconsejable usar sólo una o dos preguntas de la investigación descriptivas como un medio para proveer fondo al tema que se está estudiando, ayudando a dar un contexto adicional para las preguntas de investigación comparativa y / o preguntas de investigación basados en las relaciones, las cuales se presentan a continuación.

Preguntas de investigación comparativas

Las preguntas de investigación comparativas tienen como objeto examinar las diferencias entre dos o más grupos en una o más variables dependientes (aunque a menudo sólo una única variable dependiente). Estas preguntas suelen comenzar de la siguiente manera: ¿Cuál es la diferencia en...? una variable dependiente (por ejemplo, la ingesta calórica diaria) entre dos o más grupos (por ejemplo, los hombres y mujeres de América Latina). Ejemplos de preguntas de investigación comparativas se incluyen:

Ejemplo 1 de pregunta de investigación comparativa

Pregunta	¿Cuál es la diferencia en el consumo diario calórico de los hombres y mujeres?
Variable Dependiente	Calorías consumidas por día
Población	Mexicanos Mexicanas

Ejemplo 2 de pregunta de investigación comparativa

Pregunta	¿Cuál es la diferencia en las subidas de fotos semanales en Facebook entre estudiantes universitarios mexicanos masculinos y femeninos?
Variable Dependiente	Subidas semanales de fotos en facebook
Población	Estudiantes universitarios mexicanos masculinos; Estudiantes universitarios mexicanos femeninos

Ejemplo 3 de pregunta de investigación comparativa

Pregunta	¿Cuáles son las diferencias en el comportamiento de uso de Facebook entre los estudiantes mexicanos universitarios masculinos y femeninos?
Variable Dependiente	Comportamiento de uso de Facebook (subidas semanales de fotos, cambios de estado, comentando las fotos de otros usuarios, el uso de aplicaciones)
Población	Estudiantes universitarios mexicanos masculinos; Estudiantes universitarios mexicanos femeninos

Ejemplo 4 de pregunta de investigación comparativa

Pregunta	¿Cuáles son las diferencias de las percepciones sobre la seguridad de la banca por Internet entre los adolescentes y los jubilados?
Variable Dependiente	Percepciones sobre la seguridad de la banca por Internet
Población	Adolescentes Jubilados

Ejemplo 5 de pregunta de investigación comparativa

Pregunta	¿Cuáles son las diferencias en las actitudes hacia la piratería de música cuando la música pirateada es libremente distribuida o comprada?
Variable Dependiente	Actitudes hacia la piratería de música
Población	Música pirateada libremente distribuida Música pirateada libremente comprada

La población refleja las diferentes categorías de la variable independiente que se está midiendo (por ejemplo, hombres y mujeres mexicanos = género, Estudiantes mexicanos de pregrado y postgrado = nivel educativo, la música pirata que se distribuye gratuitamente y la piratería de música que se compra = método de adquisición ilegal de la música.

Las preguntas de investigación comparativas también difieren en términos de su relativa complejidad, por lo cual se refirieren a cuántos elementos / medidas constituyan a la variable dependiente o al número de variables dependientes estudiadas. Los ejemplos presentados ponen de relieve las diferencias entre las preguntas de investigación comparativas donde la variable dependiente implica sólo una medida concreta / tema (por ejemplo, la ingesta calórica diaria) y las preguntas potencialmente más complejas en las que la variable dependiente tiene varios elementos, por ejemplo, el comportamiento de uso de Facebook incluyendo una amplia gama de items, tales como inicios de sesión, subidas de fotos semanales, cambios de estado, etc; o en donde cada uno de estos items deben ser escritos como variables dependientes.

En general, mientras que la variable dependiente (s) pone de relieve el tema de estudio (por ejemplo, las actitudes hacia la piratería musical, las percepciones a la seguridad de banca por Internet), las preguntas de investigación comparativas son especialmente apropiadas si el proyecto tiene como objetivo examinar las diferencias entre dos o más grupos (por ejemplo, hombres y mujeres, adolescentes y jubilados, los gerentes y no gerentes, etc.

Preguntas de investigación basadas en correlaciones

Hay que referirse a este tipo de pregunta de investigación cuantitativa como una pregunta de investigación basada en las relaciones, la palabra **correlación** debe ser entendida simplemente como una forma útil de describir el hecho de que este tipo de pregunta de investigación cuantitativa está interesada en las relaciones de causalidad, las asociaciones, las tendencias y / o las interacciones entre dos o más variables en uno o más grupos. Hay que tener cuidado cuando se utiliza la palabra **correlación** porque en estadística, se refiere a un tipo particular de diseño de la investigación, a saber, los diseños experimentales en los que es posible medir la causa y efecto entre dos o más variables, es decir, es posible decir que la variable

A (tiempo de estudio, por ejemplo) es responsable de un incremento en la variable B (por ejemplo, calificaciones de los exámenes).

Sin embargo, a nivel de licenciatura e incluso maestría, las disertaciones rara vez involucran verdaderos diseños experimentales, más bien involucran diseños más cuasi-experimentales y no experimentales. Esto significa que no se pueden encontrar a menudo las relaciones causales entre las variables, sino solamente asociaciones o tendencias.

Sin embargo, cuando se escribe una pregunta basada en las correlaciones de investigación cuantitativa, no tiene que hacerse distinciones entre las relaciones causales, las asociaciones, las tendencias e interacciones (es decir, es sólo algo que se debe tener en la mente). Por lo general se comienza una pregunta basada en las correlaciones de investigación con ¿Cuál es la relación ...?, por lo general seguida de la palabra, "entre" una lista de las variables independientes (por ejemplo, de género) y las variables dependientes (por ejemplo, las actitudes hacia la música la piratería), o "entre" el grupo (s) en que se está centrando la investigación. Ejemplos de preguntas de investigación basadas en la correlación son las siguientes:

Ejemplo 1 de pregunta de investigación basada en correlaciones

Pregunta	¿Cuál es la relación entre el género y las actitudes hacia la piratería musical entre los adolescentes?
Variable Dependiente	Actitudes hacia la música pirata
Variable Independiente	Genero
Población	Adolescentes

Ejemplo 2 de pregunta de investigación basada en correlaciones

Pregunta	¿Cuál es la relación entre el tiempo de estudio y calificaciones de los exámenes entre los estudiantes universitarios?
Variable Dependiente	Calificaciones
Variable Independiente	Tiempo de estudio
Población	Estudiantes universitarios

Ejemplo 3 de pregunta de investigación basada en correlaciones

Pregunta	¿Cuál es la relación entre las perspectivas de carrera, salario y beneficios, y condiciones físicas de trabajo en la satisfacción laboral entre directivos y no directivos?
Variable Dependiente	Satisfacción laboral
Variable Independiente	Prospectos de carrera Sueldos y beneficios Condiciones físicas del trabajo
Población	Los directivos Los no directivos

Como los ejemplos anteriores destacan, las preguntas de investigación basadas en las correlaciones son adecuadas para establecer cuándo estamos interesados en la correlación, asociación, tendencia o la interacción entre una o más variables (tiempo de estudio, por ejemplo) dependientes (por ejemplo, resultados de exámenes) e independiente, ya sea en uno o más grupos (por ejemplo, los estudiantes universitarios).

¿Como estructurar las preguntas de investigación?

Cada pregunta de investigación debe estar soportada por una reflexión del problema. En este sentido, es necesario recordar la utilidad del árbol de problemas. Las reflexiones de cada problema deberán estar basadas en el análisis de causas y efectos del problema. Las reflexiones deben contener evidencia científica obtenida de fuentes información confiable, tales como por ejemplo información obtenida de artículos publicados en revistas arbitradas o indexadas. Es recomendable tener varios párrafos redactados para soportar cada pregunta de investigación. Se supone que la pregunta de investigación surge de la reflexión acerca de las características del problema (causas y efectos, por ejemplo).

Por ejemplo en un estudio sobre neurociencia en la toma de decisiones, en un inicio deberían presentarse las siguientes reflexiones:

"Sanfey *et al* (2006) afirman que a pesar de avances sustanciales, la pregunta de cómo tomamos decisiones y hacemos juicios continua presentando importantes retos a la investigación científica. Históricamente, diferentes disciplinas han enfocado este problema usando diferentes técnicas y suposiciones con la realización de pocos esfuerzos unificadores. Sin embargo, el campo de la neuroeconomía recientemente ha emergido como un esfuerzo interdisciplinario para construir un puente en este vacío. La investigación en la neurociencia y la psicología ha comenzado a investigar las bases neurales de la predicción de la toma de decisiones y sus valores, parámetros centrales en la teoría económica de utilidades esperadas. La economía, a su vez, esta siendo incrementalmente influenciada por múltiples sistemas de enfoque a la toma de decisiones, una perspectiva fuertemente enraizada en la psicología y en la neurociencia. La integración de estos dispares enfoques teóricos y metodologías ofrece un excitante potencial para la construcción de modelos más precisos para la toma de decisiones."

De esta reflexión sobre neurociencia en la toma de decisiones debería emerger una pregunta similar a esta:

¿Cuáles son los factores más importantes dentro del marco neural que subyacen a la toma de decisiones?

Para formular las preguntas de investigación, se recomienda un enfoque que se basa en cuatro pasos:

(1) Elegir el tipo de pregunta de investigación que se está tratando de crear (es decir, descriptivo, comparativo y basados correlación).

(2) Identificar los diferentes tipos de variables que se están tratando de medir, manipular y / o controlar, así como los grupos de estudio.

(3) Seleccionar la estructura adecuada para el tipo elegido de la pregunta de investigación, en base a las variables y / o grupos involucrados, y

(4) Escribir el problema o los problemas de investigación.

1. Selección de la pregunta de investigación

El tipo de pregunta de investigación que se utiliza en el proyecto (es decir, descriptivo, comparativo y / o basado en la relación) debe reflejarse en la forma en que se escribe la pregunta de investigación, es decir, la selección de palabras y frases que se utilizan cuando se construye una pregunta de investigación indica al lector si se trata de una investigación descriptiva, comparativa o basada en correlación. Por lo tanto, para saber cómo estructurar la pregunta de investigación es necesario comenzar por seleccionar el tipo de pregunta de investigación que se está tratando de crear: descriptiva, comparativa y / o basada en las correlaciones.

2. Identificación de los diferentes tipos de variables que se están tratando de medir, manipular y / o controlar, así como los grupos de estudio

Ya sea que se trate de crear una pregunta descriptiva, comparativa o basada en correlaciones, se deben identificar los diferentes tipos de variables que se están tratando de medir, manipular y / o controlar. Es importante estar familiarizados con los diferentes tipos de variables que pueden ser parte de su estudio y entender la diferencia entre variables dependientes y variables independientes.

Una vez que esta lista la identificación de los diferentes tipos de variable que se están tratando de medir, manipular y / o controlar, así como los grupos de estudio, es posible empezar a pensar en la manera en que los tres tipos de preguntas de investigación pueden ser estructuradas.

3. Selección de la estructura adecuada para el tipo elegido de la pregunta de investigación, en base a las variables y / o grupos involucrados

La estructura de los tres tipos de pregunta de investigación es diferente, lo que refleja los objetivos de la pregunta, los tipos de variables, y el número de variables y de los grupos involucrados. Por estructura, se alude a los componentes de una pregunta de investigación (es decir, los tipos de variables, los grupos de interés), el número de estos diferentes componentes (es decir, cuántas variables y grupos están siendo investigados), y el orden en que éstos deben ser presentados (por ejemplo, las variables independientes antes de variables dependientes). La estructura adecuada para cada una de estas preguntas de investigación cuantitativa se expone a continuación:

- Estructura de las preguntas de investigación descriptivas
- Estructura de las preguntas de investigación comparativas
- Estructura de las preguntas de investigación basadas en las correlaciones

4. Escribir el problema o los problemas de investigación

Para la estructuración de una pregunta de investigación descriptiva se usan las siguientes frases de inicio:

- ¿Cuántos...?
- ¿Con qué frecuencia...?

- ¿Cuánto...?

- ¿Qué porcentaje...?

- ¿Qué proporción...?

- ¿Hasta qué punto...?

- ¿Qué es...?

- ¿Cuáles son...?

En adición se deben cumplir los siguientes pasos:

- Identificar las variables.

- Identificar el grupo (s) de estudio.

- Incluir cualquier palabra que proporcione un mayor contexto a la pregunta.

- Escribir la pregunta de investigación descriptiva.

Ejemplos de preguntas de investigación descriptivas:

¿Cuántas calorías hombres y mujeres mexicanos consumen al día?

¿Con qué frecuencia los estudiantes universitarios mexicanos usan Facebook cada semana?

¿Cuáles son los factores más importantes que influyen en las decisiones profesionales de los estudiantes universitarios mexicanos?

¿Qué proporción de los estudiantes mexicanos universitarios de ambos sexos usan las 5 mejores redes sociales?

¿Qué porcentaje de hombres y mujeres mexicanos superan su asignación calórica diaria?

Para la estructuración de una pregunta de investigación comparativa se usan las siguientes frases de inicio:

- ¿Cual es la diferencia en…? (Dos variables)
- ¿Cuáles son las diferencias en…? (Tres variables o más)

En adición se deben cumplir los siguientes pasos:

- Identificar las variables.

- Identificar los grupos de estudio.

- Identificar el texto adjunto, que generalmente incluye la palabra *entre*, sin embargo otras palabras como *de* o *cuando* pueden ser apropiadas.

- Escribir la pregunta de investigación comparativa.

Ejemplos de preguntas de investigación comparativas:

¿Cuál es la diferencia en el consumo diario calórico *de* los hombres mexicanos y de las mujeres mexicanas?

¿Cuál es la diferencia en las subidas de fotos semanales en Facebook *entre* los estudiantes universitarios mexicanos masculinos y femeninos?

¿Cuáles son las diferencias en las percepciones a la seguridad de banca por Internet *entre* los adolescentes y los jubilados mexicanos?

¿Cuáles son las diferencias en las actitudes hacia la piratería de música cuando la música pirateada es libremente distribuida o comprada?

Para la estructuración de una pregunta de investigación basada en las correlaciones se usan las siguientes frases de inicio:

¿Cuál es la relación entre…? (Dos variables)

¿Cuáles son las relaciones entre…? (Tres o más variables)

En adición se deben cumplir los siguientes pasos:

- Identificar las variables.
- Identificar los grupos de estudio.
- Identificar el texto adjunto, que generalmente incluye la palabra *entre*.

- Escribir la pregunta de investigación comparativa.

Ejemplos de preguntas de investigación basadas en correlaciones:

¿Cuál es la relación entre el género y las actitudes hacia la piratería musical *entre* los adolescentes?

¿Cuál es la relación entre el tiempo de estudio y calificaciones de los exámenes *entre* los estudiantes universitarios mexicanos?

¿Cuál es la relación de las perspectivas de carrera, salario y beneficios, y condiciones físicas de trabajo en la satisfacción laboral *entre* directivos y no directivos mexicanos?

Preguntas de Investigación Cualitativas

Por el contrario, las preguntas de investigación cualitativa son "abiertas al final, evolutivas, y no direccional" (Creswell, 1998, p. 99). Estas preguntas tienden a buscar, descubrir, explorar un proceso, o describir experiencias. Por lo general tratan de obtener conocimientos sobre determinados procesos educativos, familiares y sociales y las experiencias que existen en una ubicación específica y el contexto (Connolly, 1998). Por lo tanto, las preguntas de investigación cualitativa generalmente describen, en lugar de relacionar a las variables o comparar grupos, evitando el uso de palabras como "efecto", "influencia", "comparar" y "relación".

Más específicamente, las preguntas de investigación cualitativas tienden a abordar el "qué" y "cómo". Como ha señalado Creswell (1998), las preguntas de investigación cualitativas puede tomar la forma de preguntas generales o centrales o sub-preguntas específicas. Esta última puede comprender (a) sub-preguntas de temas, que se enfocan en los principales intereses y complejidades que deben resolverse.

Un ejemplo de pregunta cualitativa es "¿Qué significa para los maestros para ganar un premio de la enseñanza?" y "¿Qué hacen los investigadores cualitativos?".

Como es el caso para las preguntas de investigación cuantitativa, las preguntas de investigación cualitativa impulsan el diseño de la investigación (por ejemplo, histórico, estudio de caso, etnográfico, fenomenológico, fundamentado en la teoría, auto etnográfico). Por ejemplo, una pregunta central de la investigación, tal como "¿Cómo los líderes de pandillas seleccionan a los miembros de las pandillas?" Indicaría un estudio etnográfico. Una pregunta central de la investigación, tal como "¿Cuáles son las construcciones de supervivencia de los hombres que sobreviven para hacer frente al cáncer de próstata?" Indicaría un estudio de la teoría fundamentada. Una pregunta central de investigación, tal como "¿Cuáles son las experiencias de los estudiantes diagnosticados con trastorno de hiperactividad por déficit de atención?" Indicaría un estudio fenomenológico. Una pregunta central de investigación, tal como "¿Cuáles son las implicaciones de la ley No Se Dejan Niños Atrás para los directores de escuelas secundarias del condado de Duval?" Indicaría un estudio de caso. Una pregunta central de investigación, tal como "¿Qué sucesos llevaron a la Brown versus la Junta de Educación gobernante?" Indicaría un estudio histórico. Por último, una pregunta central de la investigación, tal como "¿Cómo ha evolucionado mi actitud hacia la investigación de métodos mixtos a medida que terminé mi programa de doctorado?" Indicaría un estudio autoetnográfico.

Como es el caso en la investigación cuantitativa, las preguntas de investigación cualitativas también pueden ser de naturaleza comparativa.

Los investigadores cualitativos pueden comparar a los participantes de un estudio de una manera por parejas, dando lugar a lo que se ha llamado diseño de pares de muestreo. Una pregunta de investigación que podría conducir a diseños de pares de muestreo podría ser: "¿En qué medida son las experiencias durante el tratamiento del cáncer de mama consistentes a través de todos los participantes en el estudio?"

Los investigadores también pueden comparar dos o más subgrupos, culminando en lo que se conoce como diseños de muestreo de subgrupos. Una pregunta de investigación que podría conducir a sistemas de muestreo de subgrupos podría ser: "¿Hasta qué punto las percepciones de las mujeres en cuanto al nivel de la tutoría en la escuela de postgrado son similares para los estudiantes de postgrado hombres y estudiantes de postgrado mujeres?"

Los investigadores cualitativos pueden comparar dos o más miembros del mismo subgrupo, en el que uno o más miembros del subgrupo representan una sub-muestra de la muestra completa. Esto daría lugar a lo que Onwuegbuzie y Leech (2005) llaman diseños anidados de muestreo. Una pregunta de investigación que podría conducir a diseños de muestreo anidados podría ser: "¿Hasta qué punto son las voces de los informantes claves con respecto a su nivel de desconfianza de los políticos locales similares a las voces de los miembros de la muestra de los no informantes?"

Los investigadores cualitativos pueden comparar dos o más grupos en que son extraídos de diferentes niveles de estudio. Por ejemplo, un investigador cualitativo podría estar interesado en comparar las percepciones de los estudiantes con respecto a las pruebas estandarizadas de sus maestros. Estas comparaciones conduciría a lo que Onwuegbuzie y Leech, 2005 denominan diseños de muestreo multinivel. Una pregunta de investigación que podría conducir a diseños de muestreo multinivel podría ser: "¿En qué medida las percepciones de los estudiantes respecto a las pruebas estandarizadas son similares a las de sus maestros?"

Aunque las preguntas de investigación comparativas pueden especificarse antes de que la investigación cualitativa comience, por lo general, estas preguntas surgen en algún momento durante el estudio. Esta es una diferencia importante entre la investigación cuantitativa y cualitativa: Las preguntas de investigación tienden a desarrollarse a priori en estudios de investigación cuantitativos, mientras que las preguntas de investigación tienden a desarrollarse ya sea a posteriori o reiterativamente en estudios de investigación cualitativa.

MARCO TEÓRICO &

PREGUNTAS DE INVESTIGACIÓN

MARCO TEÓRICO Y PREGUNTAS DE INVESTIGACIÓN

En términos generales, un marco teórico se refiere a la parte de una propuesta de investigación o estudio que pretende describir el problema de investigación, la línea de investigación y la metodología utilizada para responder a ella. Un marco teórico se refiere así a la construcción teórica de un enfoque de investigación y normalmente precede a la revisión de la literatura (Ocholla & Roux, 2011).

La naturaleza y función de un marco teórico puede ser visto como un intento de responder a dos preguntas básicas:

1) ¿Cuál es el problema que el investigador se propone investigar y responder?

2) ¿Por qué su enfoque específico es una solución realista o factible para el problema?

Las respuestas a estas preguntas normalmente se derivan de la utilización de un número de fuentes que se describen o discuten en una revisión de la literatura y que por lo tanto forman parte crítica de la propuesta de investigación o del marco teórico (Ziedler, 2007 en Ocholla & Roux, 2011).

El proceso de desarrollo de las preguntas de investigación siempre debe estar interrelacionado con la formulación del marco teórico. El uso del marco teórico se corresponde con la operacionalización de las nociones que se han utilizado en el planteamiento del problema, las preguntas de investigación y los objetivos planteados (De Heus, 2012).

La formulación de las preguntas de investigación y del marco teórico son partes de la investigación preliminar que incluyen la creación de una base de datos, recopilar literatura y leerla, revisar otros reportes o proyectos de investigación.

Los criterios de las preguntas de investigación y el marco teórico recomendados son:

1. Se requiere una fuerte coherencia entre el planteamiento del problema, las preguntas de investigación y el marco teórico. El marco teórico provee un profundo entendimiento de las preguntas de investigación.

2. Es necesaria una justificación de cómo será aplicado el marco teórico para responder a las pregunta de investigación y establecer coherencia con el planteamiento del problema.

3. El investigador debe incluir un análisis de las teorías seleccionadas y sus implicaciones con las preguntas de investigación y el planteamiento del problema.

Es importante entender que un marco teórico que no este conectado al planteamiento del problema y a las preguntas de investigación no es un marco teórico adecuado a la investigación que se encuentre en curso.

Antonakis (2003) propone que una teoría es un conjunto de afirmaciones que identifican los elementos que son importantes en la comprensión de un fenómeno. Por qué razones son importantes, cómo se están relacionados entre sí, y en qué condiciones los elementos deben o no deben estar relacionados (Dubin, 1976 en Antonakis, 2003). Específicamente, Kerlinger (1986 en Antonakis, 2003) define teoría como "un conjunto de constructos interrelacionados (conceptos), definiciones y proposiciones que presentan una visión sistemática de los fenómenos por las relaciones que especifican entre las variables, con el propósito de explicar y predecir los fenómenos" (p. 9). En este punto, hay que aclarar la distinción entre los términos constructo y variable (Bacharach, 1989 en Antonakis, 2003).

Un constructo no puede ser observado directamente, mientras que una variable puede ser observada y medida. Sobre la base de esta distinción, las relaciones entre los constructos son establecidas por las proposiciones, y las relaciones entre variables se describen con hipótesis. Una teoría por lo tanto incluye proposiciones con respecto a los constructos y sus relaciones hipotéticas. La consecuencia de las relaciones hipotéticas, en la forma de variables medidas y sus interrelaciones (o diferencias), es lo que los investigadores tratan de probar directamente (Kerlinger, 1986 en Antonakis, 2003).

Cinco criterios de evaluación fueron desarrollados por Filley et al. (1976 en Antonakis, 2003), para juzgar la aceptabilidad de una teoría:

- En primer lugar, una buena teoría debe tener consistencia interna. Es decir, debe estar libre de contradicciones.

- En segundo lugar, debe ser externamente consistente. Debe ser consistente con las observaciones y medidas que se encuentran en el mundo real (es decir, datos).

- En tercer lugar, la teoría debe ser comprobable. La teoría debe permitir la evaluación de sus componentes principales y las predicciones.

- En cuarto lugar, la teoría debe tener generalidad. Debe ser aplicable a una amplia gama de situaciones similares y no sólo a un conjunto limitado de circunstancias únicas.

Por último, una buena teoría debe ser parsimoniosa. La simple explicación de un fenómeno es preferible a una más compleja (Filley et al., 1976 en Antonakis, 2003).

Por otro lado para Dubin, (1976 en Antonakis, 2003), el proceso de desarrollo de una buena teoría implica cuatro pasos:

El primer paso es la selección de elementos cuyas relaciones son de interés (por ejemplo, la relación entre el estilo de líder y la motivación del seguidor). Todos los elementos pertinentes deben ser incluidos en la teoría, pero los que pueden ser vistos como extraños se deben dejar fuera.

El segundo paso es especificar cómo los elementos están relacionados. En particular, ¿qué impacto tienen los elementos entre ellos? En esta etapa, las relaciones específicas deben ser articuladas (por ejemplo, el liderazgo democrático se asocia positivamente con la motivación).

En la tercera etapa se especifican los supuestos de la teoría. Estos incluyen justificaciones para los elementos de la teoría y las relaciones entre ellos. El paso también implica la especificación de las condiciones del entorno en el que los elementos interactúan y están limitados (Dubin, 1969 en Antonakis, 2003). Las condiciones del entorno establecen las circunstancias en que la teoría puede ser generalizada y son necesarias porque no hay teoría sin límites. Bacharach (1989 en Antonakis, 2003) señaló que las teorías están limitadas por los valores implícitos de los teoricistas, así como por los límites del espacio y del tiempo. Los límites se refieren a los límites de la teoría, es decir, las condiciones en las que las predicciones de la teoría se sostienen (Dubin, 1976 en Antonakis, 2003). Mientras más general es una teoría se hace menos limitada (Bacharach, 1989 en Antonakis, 2003).

En el cuarto paso, debe haber especificación de los estados del sistema en que la teoría opera. Un estado del sistema es "un estado del sistema que está siendo modelado, en el que las unidades de dicho sistema toman valores característicos que tienen una persistencia en el tiempo, independientemente de la duración del intervalo de tiempo" (Dubin, 1976 en Antonakis,

2003). En otras palabras, los estados del sistema se refieren a los valores que exhiben las unidades que constituyen el sistema teórico y las consecuencias asociadas con esos valores (Antonakis, 2003).

Según Gregory Herek (1995 en Ocholla & Roux, 2011), un marco teórico debe consistir en:

1. Una declaración explícita de la hipótesis o supuestos teóricos sobre los que se basa la investigación y el método de investigación pertinente que servirá de guía al investigador en su intento de probar la hipótesis - el por qué y el cómo de la investigación. Aquí, el investigador debe identificar omisiones y limitaciones importantes, tales como si el excesivo énfasis está puesto en un determinado tipo de variable o relación.

2. Una explicación clara de cómo se conecta la hipótesis del investigador al conocimiento

existente (la revisión de la literatura). En otras palabras, ¿hasta qué punto la investigación se basa en la investigación existente o en el conocimiento? (Herek, 1995 en Antonakis, 2003).

3. Una clara articulación de la suposición teórica o suposición en que se basa la investigación, el por qué y el cómo de la investigación y cómo se le permite pasar de la simple descripción de un fenómeno para generalizar acerca de los diversos aspectos de este fenómeno a través de la observación.

4. Una explicación detallada del método de investigación (tipo de investigación) que va a ser utilizado y cómo se procede de una hipótesis teórica hacia una hipótesis empírica o teoría.

.

LOS OBJETIVOS DE LA
INVESTIGACIÓN

LOS OBJETIVOS DE LA INVESTIGACIÓN

Siguiendo el gráfico 4, primero se hace necesario ubicar los objetivos a partir de los problemas y de las dimensiones de la investigación, entendiendo que cada problema representa una dimensión de la investigación.

En forma empírica se puede decir que cada problema de investigación genera entre una y tres preguntas de investigación. El número de preguntas de investigación por problema dependerá de la importancia y magnitud del problema dentro del problema central. Para efectos de ilustración y facilitar la enseñanza en el gráfico 4 se presenta una pregunta de investigación por problema. El problema central genera una pregunta de investigación general y esta a su vez genera la formulación del objetivo general de la investigación.

Gráfico 4. Arbol Problemas-Preguntas-Objetivos

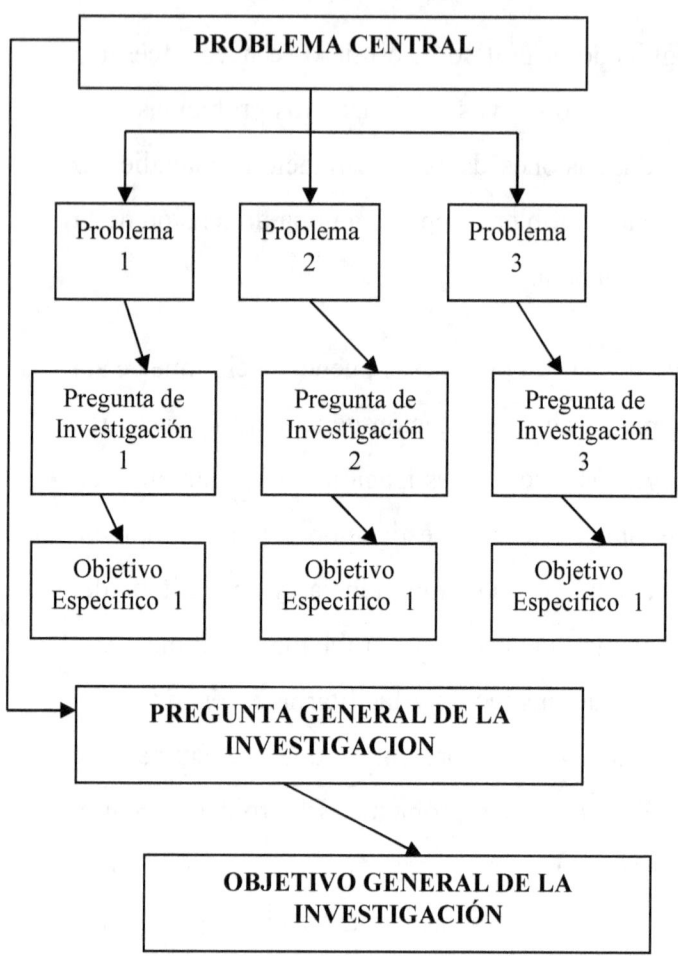

Fuente: Autor

Los objetivos son las guías de la investigación científica Los objetivos de un proyecto de investigación resumen lo que se quiere lograr con el estudio. Estos objetivos deben estar estrechamente relacionados con el problema de investigación, de acuerdo a lo observado en el gráfico anterior.

El objetivo general de un estudio indica lo que los investigadores esperan lograr con el estudio, en términos generales. Es posible (y recomendable) segmentar un objetivo general en partes más pequeñas y conectadas lógicamente. Normalmente estos se conocen como objetivos específicos. Los objetivos específicos de manera sistemática deben responder a las preguntas de investigación. Se debe especificar lo que hará en su estudio, dónde y con qué propósito.

La formulación de los objetivos de la investigación ayuda a:

- Enfocar el estudio (para reducir su tamaño a lo esencial).

- Evitar el acopio de datos que no son estrictamente necesarios para comprender y resolver el problema que se ha identificado.

- Organizar el estudio en partes claramente definidas, o fases.

Debidamente formulados, los objetivos específicos facilitan el desarrollo de la metodología de investigación y contribuyen a orientar la recolección, análisis, interpretación y utilización de los datos.

Es importante que los objetivos se expresen en el buen sentido. Hay que tener cuidado de que los objetivos de su estudio:

- Cubran los diferentes aspectos del problema y los factores que contribuyen de una manera coherente y en una secuencia lógica.

- Estén claramente expresados en términos operativos, especificando exactamente lo que se va a hacer, dónde y con qué fin.

- Sean realistas, teniendo en cuenta las condiciones locales, limitaciones y delimitaciones.

- Utilicen verbos de acción que sean lo suficientemente específicos como para ser evaluados (los ejemplos de verbos de acción son: determinar, comparar, verificar, calcular, describir, y de establecer). Se debe evitar el uso de verbos sin acción (Ejemplos de verbos sin acción: apreciar, entender, o estudiar).

Se debe tener en cuenta que cuando se evalúa el proyecto de investigación, los resultados son comparados con los objetivos. Si los objetivos no se han explicado con claridad, el proyecto no se puede evaluar. En este sentido, las conclusiones generalmente se refieren a los objetivos de la investigación y el análisis de su cumplimiento

De acuerdo a Silva (2003) del Instituto Latinoamericano y del Caribe de Planificación Económica y Social (2005) los objetivos de investigación deben cumplir los siguientes criterios:

- Realistas, esto quiere decir que se deben alcanzar con los recursos disponibles dentro de las condiciones generales dadas.
- Eficaces, para responder a los problemas específicos de investigación formulados.
- Coherentes, ya que el cumplimiento de un objetivo no debe imposibilitar el cumplimiento de otro objetivo de investigación.
- Cuantificables, es decir, que puedan ser medibles en el tiempo y en el espacio dentro de los grupos de investigación

Otro instrumento de utilidad para formular de la forma más adecuada los objetivos de la investigación es el llamado árbol de acción, medios y fines (Gráfico 5).

La acción se refiere al tipo de verbo que debe usarse para dirigir las actividades de investigación.

Los medios se refieren a los instrumentos, herramientas y/o estrategias metodológicas o de medición que se utilizaran para llevar a cabo el estudio del problema de investigación.

Los fines se refieren al objeto o motivos con que se lleva a cabo el estudio del problema de investigación.

En el presente método un objetivo es la *acción* que se lleva a cabo en el proceso de investigación a través de la utilización de instrumentos, herramientas y/o estrategias metodológicas o de medición (*medios*) para alcanzar los *fines* que persigue el estudio del problema.

La integración de acción, medios y fines orientados a la pregunta de investigación conduce a la formulación adecuada de los objetivos.

Gráfico 5. Árbol de Acción, Medios y Fines

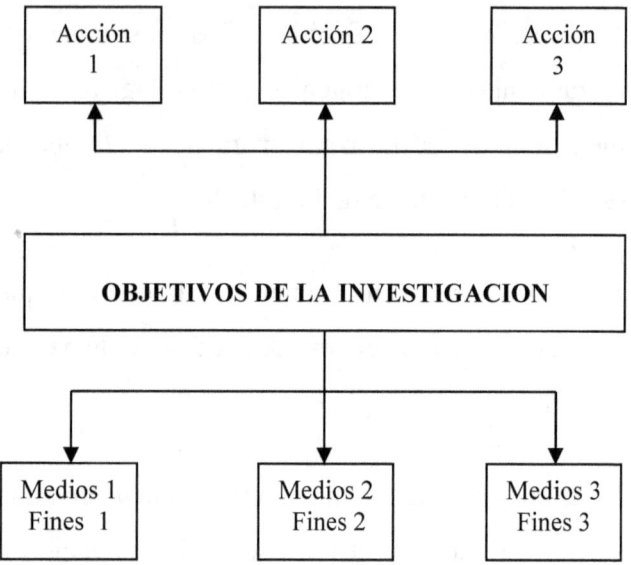

Fuente: Autor

De lo anteriormente expuesto establecemos que el término objetivo representa un propósito o meta y la finalidad hacia la cual deben dirigirse los recursos y esfuerzos para dar cumplimiento a un proyecto de investigación.

La formulación de los objetivos de investigación es una de las etapas fundamentales en la elaboración y posterior desarrollo de la investigación, ya que estos son, los puntos básicos que guían el trabajo investigativo, y establecen los alcances de la investigación.

Generalmente los objetivos de la investigación se conceptualizan como construcciones mentales y subjetivas del investigador para abordar un problema de investigación. Esto significa que están en directa relación con la pregunta de investigación y se constituye en una transformación activa de ésta.

Los objetivos son la proyección de los resultados que se buscan alcanzar *(qué)* y es ventajoso acompañarlos de las razones por las cuales se quiere tales resultados *(para qué).* En síntesis debe entenderse que el objetivo se vincula a dar respuestas sobre *el qué de la investigación*, y de esto depende la formulación y ejecución de los objetivos. En adición, el investigador debe tener en claro el contenido de la temática que se está abordando con el problema y qué pregunta se quiere responder con la investigación.

Una declaración clara y precisa de los objetivos conduce al correcto planteamiento de metodologías y herramientas de investigación. Por esta razón, los objetivos deben que ser revisados en todas las etapas del proceso de investigación, para realizar las correcciones necesarias cuando sea preciso hacerlo.

Al concluir la investigación, los objetivos tienen que ser coherentes con los resultados, esto significa que la investigación tiene que responder absolutamente a los objetivos propuestos.

En los proyectos de investigación científica los objetivos son esencialmente de tipo cognitivo, esto significa que se orientan a construir conocimientos acerca de algún tema o problema de investigación desconocidos. A manera de ejemplo, las acciones reflejadas por los objetivos de los proyectos de investigación son formuladas frecuentemente mediante verbos de acción, tales como: describir, identificar, reconocer, distinguir, saber, discernir, analizar, diferenciar, averiguar, entender, interpretar, comprender, clasificar, comparar, observar, relacionar, discriminar, conocer, etc.

La formulación del objetivo general debe tener como intención expresar la acción general que debe tenerse para dar respuesta a la pregunta general de investigación y debe enmarcarse dentro de la misma. Considerándose algunas escasas excepciones, es recomendable formular un solo objetivo general. En adición, es importante considerar en esta etapa la disponibilidad de recursos materiales, humanos y de tiempo.

Los objetivos generales son amplios y alcanzables a largo plazo. Los objetivos específicos son realizables a corto plazo y estrechos en su enfoque. El objetivo general se alcanza mediante el logro de cada uno de los objetivos específicos.

Para el desarrollo de objetivos se ha propuesto una técnica llamada *SMART* (este termino representa en inglés los siguientes criterios: Specific, Measurable, Achievable Realistic, Time Specific).

A continuación se explica la técnica *SMART*, adaptada de material del Departamento de Salud y Servicios Humanos de los EUA (Wilburn & Wilburn, 2012).

Específicos: El uso de lenguaje específico en lugar de lenguaje generalizado, indicando claramente el problema, el grupo destinatario, el tiempo o período y el espacio.

Medibles: El objetivo debe ser claro en lo que se puede medir o evaluar y por cuanto.

Alcanzable: Ser realista acerca de lo que el proyecto de investigación puede lograr en termino de la escala/alcance de lo que se está haciendo y acerca del tiempo y recursos disponibles.

Relevante: Los objetivos necesitan ser relevantes en relación a los aportes que hacen al avance de la ciencia y del conocimiento en sus diversas áreas.

Tiempo: Debe haber claridad sobre el marco del tiempo dentro del cual se desarrollará el proyecto de investigación.

Los objetivos específicos son proposiciones segmentadas de un objetivo general para detallarlo y especificarlo a un nivel más elevado de concreción.

A partir del objetivo general se destilan los objetivos específicos, el logro de cada uno de los objetivos específicos permite llevar a la investigación al logro del objetivo general para proveer respuestas específicas y parciales a las preguntas de la investigación.

La integración de los objetivos específicos es igual al objetivo general. Los objetivos específicos son los que verdaderamente se alcanzan y no el objetivo general, ya que este se logra con el cumplimiento de los objetivos específicos.

Cabe destacar que es necesario que se diseñen varios objetivos específicos, cada uno con la finalidad de responder específicamente a un aspecto del problema de investigación y contribuir al estudio de las diferentes dimensiones que dan cuenta del proyecto de investigación.

Para la construcción de los objetivos específicos, como se ha explicado previamente, en forma práctica se recomienda la elaboración de preguntas derivadas del problema de investigación y luego la conversión de las mismas en forma activa y propositiva.

Como se menciono anteriormente, *la acción* se refiere al tipo de verbo que debe usarse para dirigir las actividades de investigación. Esta acción debe verse reflejada en la formulación de los objetivos del proyecto de investigación. La acción esta estrechamente vinculada a los verbos que se usan en la redacción de los objetivos de la investigación.

La taxonomía de Bloom (Marzano & Kendall, 2006; Bloom, 1984), reporta verbos que expresan objetivos en los diferentes niveles del proceso del pensamiento de investigación (niveles cognoscitivos), aplicándose a los mas diversos proyectos de investigación.

Tabla 1. Verbos según la taxonomía de Bloom

	COMPRENSIÓN
CONOCIMIENTO	Interpretar
Definir	Traducir
Repetir	Describir
Registrar	Reconocer
Memorizar	Explicar
Relatar	Expresar
Subrayar	Ubicar
Identificar	Informar
	Revisar

Fuente: Marzano & Kendall, (2006); Bloom (1984)

Tabla 2. Verbos según la taxonomía de Bloom

	ANALISIS
APLICACIÓN	Analizar
Aplicar	Distinguir
Emplear	Diferenciar
Utilizar	Inspeccionar
Dramatizar	Probar
Ilustrar	Comprar
Operar	Constatar
Dibujar	Criticar
Esbozar	Discutir
	Debatir
	Examinar

Fuente: Marzano & Kendall, (2006); Bloom (1984)

Tabla 3. Verbos según la taxonomía de Bloom

	EVALUACIÓN
SINTESIS	Evaluar
Planear	Juzgar
Proponer	Clasificar
Diseñar	Estimar
Formular	Valorar
Reunir	Calificar
Construir	Seleccionar
Crear	Escoger
Establecer	Medir
Organizar	
Dirigir	
Preparar	

Fuente: Fuente: Marzano & Kendall, (2006); Bloom (1984)

Tabla 4. Verbos utilizados según sea el tipo o nivel de investigación

Nivel Exploratorio	Nivel Descriptivo	Nivel Explicativo
Conocer	Analizar	Comprobar
Definir	Calcular	Demostrar
Descubrir	Caracterizar	Determinar
Detectar	Clasificar	Establecer
Estudiar	Comparar	Evaluar
Explorar	Cuantificar	Explicar
Indagar	Describir	Inferir
Sondear	Examinar	Relacionar
	Identificar	Verificar
	Medir	

Fuente: Marzano & Kendall, (2006); Bloom (1984)

Verbos utilizados para redactar objetivos generales

Analizar, diseñar, enumerar, oponer, planear describir, formular, generar, inferir, revelar tasar, trazar, producir, reconstruir, replicar definir, desarrollar, mostrar, calcular, comparar contrastar, explicar, exponer, discriminar, efectuar, establecer, orientar, presentar, fundamentar, identificar, reproducir, situar, probar, proponer, relatar, crear, demostrar, valuar, categorizar, concretar, evaluar, examinar fomentar, describir, trazar, mostrar, etc.

Verbos utilizados para redactar objetivos específicos

Advertir, demostrar, determinar, descomponer, discriminar, interpretar, deducir, especificar, examinar, fraccionar, indicar, distinguir, enunciar, operacionalizar, registrar, resumir, separar, considerar, mencionar, calcular, categorizar, componer, contrastar, detallar, definir, analizar, designar, describir, establecer, enumerar, estimar, explicar, identificar, justificar, mostrar, organizar, relacionar, seleccionar, sugerir, basar, calificar, comparar, conceptuar, sintetizar, etc.

Fortín (1999) estableció que según la finalidad del estudio los objetivos de investigación pueden clasificarse en objetivos exploratorios o descriptivos, objetivos relacionales y objetivos analíticos. A continuación se citan textualmente:

Objetivos Exploratorios o Descriptivos

Cuando la finalidad del estudio es la descripción de un aspecto poco conocido. Es decir, existen pocos conocimientos del campo de estudio. Para la descripción de fenómenos se pueden usar estudios cuantitativos y cualitativos.

– "Identificar los factores asociados al consumo de alcohol por los adolescentes de áreas rurales durante los fines de semana."

– "Describir la incidencia del uso del preservativo en los centros de internamiento de menores protegidos."

Objetivos Relacionales

Cuando existe un conocimiento previo del campo de estudio y el objeto de la investigación es descubrir relaciones existentes y describirlas. Una vez descubiertas y descritas dichas relaciones, el investigador puede querer explorar la naturaleza de las relaciones entre variables.

– "Describir la relación que existe entre las creencias religiosas de las mujeres y los hábitos higiénicos durante el puerperio."

Cuando pretendemos descubrir la fuerza y la dirección de estas relaciones, sin llegar a establecer una relación causa efecto, podremos formular hipótesis cuya finalidad será la explicación de la naturaleza de dicha relación.

– "Determinar la influencia de las creencias religiosas en la adopción de medidas higiénicas en las puérperas."

Objetivos Analíticos

Cuando los conocimientos que existen sobre un campo de estudio determinado, permiten predecir los resultados de la investigación. Se formulan entonces una hipótesis que supone la existencia de relaciones entre variables. La variable independiente, introducida por el investigador en el estudio, producirá un efecto sobre la variable dependiente, modificándola.

– "Evaluar la eficacia de programa de seguimiento entre atención especializada y primaria, en la evolución de las úlceras varicosas."

HIPÓTESIS DE INVESTIGACIÓN

HIPÓTESIS DE INVESTIGACIÓN

Para dar inicio a este capitulo, se presentan a continuación un conjunto de definiciones del término hipótesis, de acuerdo a diversos conocidos reconocidos:

- Las hipótesis intentan responder a las preguntas de investigación (Haber & LoBiondo, 2002).
- Una hipótesis es una respuesta provisional a una pregunta de investigación (CCEE, 2008).
- "Las hipótesis proponen tentativamente las respuestas a las preguntas de investigación; la relación entre ambas es directa e íntima. Las hipótesis relevan a los objetivos y las preguntas de investigación para guiar el estudio, dentro del enfoque cuantitativo o mixto. Por ello, las hipótesis comúnmente surgen de los objetivos y las preguntas de investigación, una vez que éstas han sido

reevaluadas a raíz de la revisión de la literatura" (Hernández, Fernández y Baptista, 2004).

- Una hipótesis puede definirse con precisión como una propuesta tentativa sugerida como una solución a un problema o como una explicación de un fenómeno (Ary, Jacobs y Razavieh, 1984).

- Una hipótesis es una declaración conjetural de la relación entre dos o más variables (Kerlinger, 1956).

- Hipótesis relaciona a la teoría con la observación y la observación con la teoría. (Ary, Jacobs y Razavieh, 1984).

- Las hipótesis son proposiciones relacionales (Kerlinger, 1956).

- Una hipótesis puede definirse como una explicación tentativa del problema de investigación, un posible resultado de la investigación, o una conjetura acerca de los resultados de investigación (Sarantakos, 2005).

- Una hipótesis es una declaración o explicación que se sugiere por el conocimiento o la observación, pero sin embargo, no ha sido probada o desmentida (Macleod y Hockey, 1981).

- La hipótesis es una declaración formal que presenta la relación esperada entre una variable independiente y una dependiente (Creswell, 1994).

- De acuerdo a Creswell (2008), las preguntas de investigación estudian y analizan las relaciones entre las variables que el investigador trata de explicar y se utilizan con frecuencia en investigación en el campo de las ciencias sociales. Las hipótesis, por otro lado, son predicciones que el investigador hace sobre los comportamientos o las relaciones esperadas entre las variables.

- Las hipótesis son estimaciones numéricas de los valores de la población sobre la base de datos recogidos de las muestras. Las pruebas de hipótesis emplean procedimientos estadísticos en los que el investigador extrae conclusiones sobre la población en estudio (Creswell, 2008).

Las directrices de Creswell (2008) para escribir buenas preguntas de investigación e hipótesis incluyen los siguientes puntos:

● El uso de variables en las preguntas o hipótesis de investigación es por lo general limitado a tres enfoques básicos. El investigador puede *comparar* los grupos en una variable independiente para ver su impacto en una variable dependiente. Alternativamente, el investigador puede *correlacionar* una o más variables independientes con una o más variables dependientes. En tercer lugar, el investigador puede *describir* las respuestas a las variables independientes, o variables dependientes.

● La forma más rigurosa de la investigación se desprende de la prueba de una teoría y la especificación de preguntas de investigación e hipótesis que son incluidas en la teoría (Gráfico 6).

● Las variables independientes y dependientes deben medirse por separado. Este procedimiento refuerza la lógica de causa y efecto de la investigación.

El autor de este libro discrepa con la sugerencia de Creswell (2008) en la que establece que para eliminar redundancia hay que escribir solamente preguntas de investigación o hipótesis, no ambas, excepto si las hipótesis se construyen sobre las preguntas de investigación.

Gráfico 6. Árbol de Preguntas, Teorías & Hipótesis

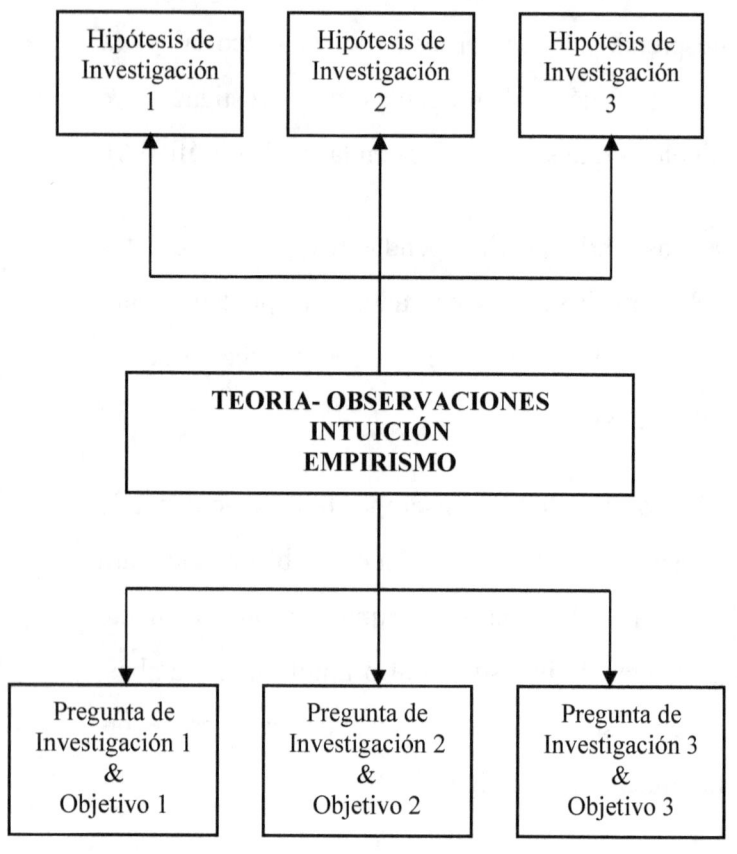

Gráfico 6. Árbol de Preguntas, Teorías & Hipótesis

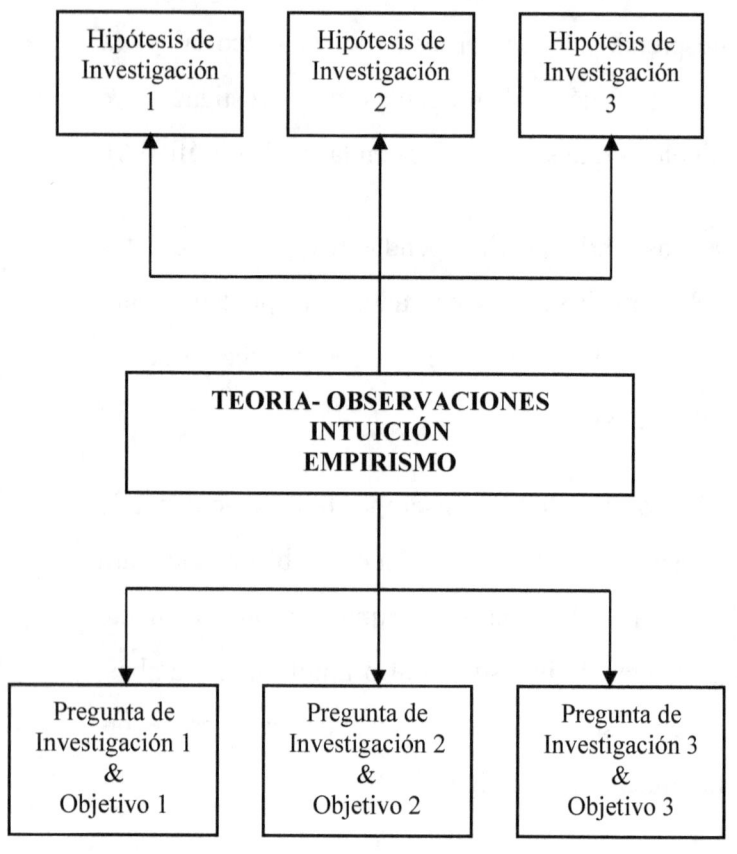

Fuente: Autor

Como podemos observar en el gráfico 6, a partir de las preguntas y de los objetivos de investigación, con fundamentos en las bases teóricas encontradas, las observaciones, y los procesos intuitivos y empíricos por los que transita el investigador, se formulan las hipótesis para dar explicaciones provisionales a la problemática planteada.

Tipos de hipótesis de investigación

A las hipótesis de investigación también se les denomina *hipótesis de trabajo* y se definen como "proposiciones tentativas acerca de las posibles relaciones entre dos o más variables" (Hernández, Fernández y Baptista, 2004).

Las hipótesis de investigación pueden ser:

- Hipótesis descriptivas
- Hipótesis comparativas
- Hipótesis correlacionales

145

- Hipótesis de causalidad

Hipótesis descriptivas

Las hipótesis descriptivas son proposiciones del valor de las variables que se va a observar en un contexto o en la expresión de otra variable. Las hipótesis de este tipo se utilizan en estudios descriptivos.

Ejemplo:

"La expectativa de ingreso mensual de los empleados de Corporación de Desarrollo de México oscila entre $20 000 y $30 000 pesos."

Hipótesis comparativas y explicativas

Las hipótesis comparativas se diseñan en investigaciones orientadas a establecer comparaciones entre grupos. Pueden ser parte de estudios correlacionales, si establecen que hay diferencia entre los grupos. Si en adición explican el porqué de las diferencias en base a las causas o razones de éstas, entonces son catalogadas como hipótesis de estudios explicativos.

Ejemplo

"Los adolescentes mexicanos atribuyen más importancia que los adolescentes venezolanos al atractivo físico en sus relaciones heterosexuales".

Hipótesis correlacionales

Las hipótesis correlacionales especifican las relaciones entre dos o más variables, corresponden a los estudios correlacionales y establecen la asociación entre dos variables de estudio.

Ejemplo:

"Las películas venezolanas muestran cada vez un mayor contenido de sexo en sus escenas"

Es bueno comprender que puede ocurrir que una investigación se inicie como correlacional (con una hipótesis de diferencia de grupos) y termine como explicativa (en los resultados se expongan los motivos de esas diferencias). Por otro lado, los estudios correlacionales se caracterizan por tener hipótesis correlacionales, hipótesis de diferencias de grupos o ambos tipos.

Hipótesis de causalidad

Las hipótesis de causalidad establecen relaciones de causa – efecto entre dos o más variables.

Ejemplo:

"La disfunción familiar de los padres provoca bajo rendimiento académico en los hijos".

EL MÉTODO & EL DISEÑO DE

LA INVESTIGACIÓN

EL MÉTODO & EL DISEÑO DE LA INVESTIGACIÓN

El Método de la Investigación

El método de la investigación describe con buenos detalles la forma en que se ha llevado a cabo la investigación. Este permite explicar la propiedad de los métodos utilizados y la validez de los resultados, incluyendo la información pertinente para entender y demostrar la capacidad de replicación de los resultados de la investigación.

Adicionalmente, el método incorpora la descripción y las bases de las decisiones metodológicas tomadas de acuerdo al tema de investigación. La estructura metodológica en sintonía con el enfoque es una condición que asegura la validez del estudio.

El término método, se origina de las raíces: meth, que significa meta y, odos, que significa vía. Es decir, el método es el camino que conduce a la meta. El Método de la Investigación busca responder a la pregunta ¿Cómo se desarrollará / desarrolló la investigación?

Behar (2008) explica que la finalidad de cualquier tipo de ciencia es producir conocimientos y la selección del método idóneo que permita explicar la realidad es vital. Se presentan los problemas cuando se aceptan como verdaderos los conocimientos erróneos.

A los conocidos métodos inductivos y deductivos se les distingue por tener fines diferentes que generalmente son categorizados como desarrollo de la teoría y análisis de la teoría respectivamente. Los métodos inductivos se han percibido generalmente como asociados con la investigación cualitativa mientras que por otro lado el método deductivo se ha asociado tradicionalmente con la investigación cuantitativa. Sin embargo, han emergido actualmente argumentos diferentes que están siendo planteados por investigadores en destacadas publicaciones de orden metodológico-científico.

Hyde (2000) afirma que hay dos enfoques generales a un razonamiento que puede resultar en la adquisición de nuevos conocimientos: El razonamiento inductivo que comienza con la observación de casos específicos, el cual tiene por objeto establecer principalmente generalizaciones; y el razonamiento deductivo que comienza con las generalizaciones, tratando de ver si estas generalizaciones se aplican a casos específicos. Muy a menudo, la investigación cualitativa sigue un proceso inductivo. En la mayoría de los casos, sin embargo, la teoría desarrollada a partir de la investigación cualitativa es la teoría no probada. Ambos investigadores, tanto cuantitativos como cualitativos demuestran procesos deductivos e inductivos en su investigación, pero fracasan en reconocer estos procesos.

Hyde (2000) en una de sus investigaciones, siguió un paradigma post-positivista (realista), encontrando que esto no es incompatible con el uso de métodos cualitativos. Argumentándose que la adopción de procedimientos formales deductivos puede representar un importante paso para asegurar la convicción en resultados de investigaciones cualitativas. Los investigadores cualitativos pueden adoptar procedimientos deductivos formales en sus investigaciones. Un ejemplo de esto es la aplicación de la teoría de comprobación por "coincidencia de patrones".

En muchos casos, los métodos cualitativos ponen a prueba la plausibilidad de los posibles enfoques cuantitativos. Esto implica que la investigación cualitativa es vista como una metodología 'exploratoria', el suministro de información previa a los métodos cuantitativos. Spanjaard & Freeman (2006), argumentan que la investigación cualitativa no cumple solamente una función de apoyo y que esta es una visión imperfecta. Ellos dan ejemplos en los que se ha usado fuera de los límites de exploración. En algunos ejemplos utilizan un solo método cualitativo (grupos de discusión) y en otros utilizan una variedad de métodos (video, entrevistas de profundidad, diario de auto-realización). Estos muestran que las buenas técnicas cualitativas ofrecen un equilibrio de ambos procedimientos inductivos y deductivos. No hay duda de que los métodos cualitativos continuarán descubriendo conceptos que no son evidentes, al mismo tiempo, presentan una oportunidad para presenciar nuevas perspectivas para aquellas situaciones en las que ciertas señales ocultas revelan un mayor conocimiento del fenómeno de investigación.

Las precedentes afirmaciones confirman los pensamientos de Kirk y Miller (1986), quienes argumentaron que una buena técnica cualitativa, de hecho, pone en práctica un equilibrio de procedimientos los inductivos y deductivos. Por ejemplo, cuando el entrevistador participa activamente durante la conversación, entonces esto es similar a una prueba de hipótesis porque las conclusiones provisionales revelan que pueden ser validadas (o anuladas) mediante nuevos interrogatorios en el tema que se investiga o con la aplicación de metodologías cualitativas alternativas.

Una evidencia importante ha sido presentada por Menzies & Compton (1997) en la que usaron aplicaciones de sustracción en pruebas de hipótesis de modelos neuroendocrinológicos compartimentales cualitativos. En forma convincente se argumenta que los enfoques cualitativos pueden soportar la prueba de hipótesis. El proceso demuestra que el modelado de lenguas puede transformarse en gráficos. Ellos sostienen que el QCM es uno de los idiomas de modelado que contiene constructos especiales utilizados por neuroendocrinólogos cuando prueban hipótesis expresadas como modelos compartimentales cualitativos.

Para Calduch (2012) el método de la investigación *es el conjunto de tareas, procedimientos y técnicas que deben emplearse, de una manera coordinada, para poder desarrollar en su totalidad el proceso de investigación. En adición, el método de investigación está directamente condicionado por el tipo de investigación que se realiza. Calduch (2012) agrega que Bunge lo define como un procedimiento para tratar un conjunto de problemas. Cada clase de problemas requiere un conjunto de métodos o técnicas especiales.*

Debe utilizarse un criterio práctico en elaboración de la sección dedicada al método de investigación. En este orden de ideas, deben exponerse todas las actividades del proceso de investigación que ayuden a cualquier otro investigador en replicar completamente la investigación. Esto facilitará la revisión de los resultados obtenidos en la investigación. Además, establece un protocolo en las actividades de investigación. Simultáneamente demanda la aplicación del rigor científico, disminuye los riesgos de cometer incongruencias y asegura la confiabilidad de las conclusiones de la investigación científica (Calduch, 2012).

Calduch (2012) alerta que *el método de investigación no debe confundirse con el método científico, que consiste en el procedimiento empleado por la ciencia para alcanzar sus conocimientos sobre la realidad.*

Es conocido que las ciencias utilizan una diversidad de métodos científicos, el objeto material (fragmento de la realidad que se trata de conocer) y el objeto formal (enfoque desde el que se busca su conocimiento) de cada disciplina científica. Sin embargo, se acostumbra el empleo de uno de ellos que sobresale sobre los demás (Calduch, 2012).

Calduch (2012) explica los métodos científicos descriptivo, analítico, comparativo, inductivo, deductivo que se presentan a continuación.

Método Descriptivo

En este método se realiza una exposición narrativa, numérica y/o gráfica, bien detallada y exhaustiva de la realidad que se estudia.

El método descriptivo busca un conocimiento inicial de la realidad que se produce de la observación directa del investigador y del conocimiento que se obtiene mediante la lectura o estudio de las informaciones aportadas por otros autores. Se refiere a un método cuyo objetivo es exponer con el mayor rigor metodológico, información significativa sobre la realidad en estudio con los criterios establecidos por la academia.

En adición al rigor, el método descriptivo demanda la interpretación de la información siguiendo algunos requisitos del objeto de estudio sobre el cual se lleva a cabo la investigación. Es una interpretación subjetiva, pero no es arbitraria. Es una información congruente con los hechos, y la información obtenida es consistente con los requerimientos de la disciplina metodológica.

Método Analítico

A partir del conocimiento general de una realidad realiza la distinción, conocimiento y clasificación de los distintos elementos esenciales que forman parte de ella y de las interrelaciones que sostienen entre sí.

Se fundamenta en la premisa de que a partir del todo absoluto se puede conocer y explicar las características de cada una de sus partes y de las relaciones entre ellas.

El método analítico permite aplicar posteriormente el método comparativo, permitiendo establecer las principales relaciones de causalidad que existen entre las variables o factores de la realidad estudiada. Es un método fundamental para toda investigación científica o académica y es necesario para realizar operaciones teóricas como son la conceptualización y la clasificación.

Método Comparativo

En este método se lleva a cabo en forma critica un contrate entre los factores del objeto de estudio usualmente representados por variables y constantes de la realidad estudiada que puede comparase además con otras realidades parecidas.

Este método consiste en establecer analogías y disimilitudes con enfoques de búsqueda diferenciadora y búsqueda antagónica. El método comparativo ayuda a establecer distinciones entre sucesos o variables que son repetitivos en realidades estudiadas, esto conlleva en algunos casos a una característica de generalidad y en otros casos a la particularidad.

La aplicación de este método podemos permite identificar de una manera simple a los elementos de la realidad que pertenecen a la categoría de elementos comunes, delimitando a un area de factores y causas originarias y conduciendo a las hipótesis básicas que fundamentan a la investigación.

Cabe destacar que al aplicar el método comparativo en una realidad de estudio, en temporalidades diferentes, ayuda a observar a la dimensión dinámica de la investigación con una perspectiva histórica, al lograr distinguir los eventos y variables estructurales de los simplemente irrelevantes.

Método Inductivo

Mediante este método se observa, estudia y conoce las características genéricas o comunes que se reflejan en un conjunto de realidades para elaborar una propuesta o ley científica de índole general. Ej. *En las guerras del Peloponeso, en las guerras púnicas, en la Primera Guerra Mundial, en la Segunda Guerra Mundial, ...etc...se producen víctimas entre la población civil...luego en todas las guerras se producen víctimas entre la población civil.*

El método inductivo plantea un razonamiento ascendente que fluye de lo particular o individual hasta lo general. Se razona que la premisa inductiva es una reflexión enfocada en el fin. Puede observarse que la inducción es un resultado lógico y metodológico de la aplicación del método comparativo.

Método Deductivo

El método deductivo permite determinar las características de una realidad particular que se estudia por derivación o resultado de los atributos o enunciados contenidos en proposiciones o leyes científicas de carácter general formuladas con anterioridad. Mediante la deducción se derivan las consecuencias particulares o individuales de las inferencias o conclusiones generales aceptadas. *Ej. Todas las guerras provocan víctimas entre la población civil luego la guerra de Kossovo provocará víctimas entre la población civil.*

En resumen, el método inductivo permite generalizar a partir de casos particulares y ayuda a progresar en el conocimiento de las realidades estudiadas. En este sentido, los futuros objetos de estudio, parecidos a los recopilados en la formulación científica general que se ha inducido, podrán ser entendidos, explicados y pronosticados sin que aun ocurran, y además, serán susceptibles de ser estudiados analítica o comparativamente.

Calduch (2012) destaca que *es imposible el desarrollo de cualquier ciencia, tanto desde la perspectiva de la investigación como de la transmisión de sus conocimientos, sin el empleo conjunto y complementario de ambos métodos.*

Método Histórico Lógico

Behar (2008) explica que el método histórico lógico de investigación se aplica a la disciplina denominada historia, y además, se emplea para asegurar el significado y confiabilidad de hechos pasados en las ciencias en forma general y en cualquier disciplina científica. El método histórico ayuda a establecer las relaciones presentes en los hechos acontecidos en el desarrollo de las ciencias.

Este método se establece una forma de evaluación y síntesis de pruebas sistematizadas con el objeto de determinar hechos, aspectos históricos y antecedentes gnoseológicos que muestren la relación que existe entre las ciencias desde sus inicios y, para de esta forma formular conclusiones sobre hechos pasados que expliquen vínculos y que conduzcan a hallar y comprender las evidencias que respalden el estado presente.

Método Investigación-Acción

De acuerdo a Behar (2008) este método tiene como objetivo producir cambios significativos en la realidad estudiada. El método se preocupa por solucionar problemas específicos mediante la aplicación de una metodología rigurosa. La utilización de este método busca ubicarse dentro un contexto espaciotemporal, estrechamente unido a la realidad que se inicia desde experiencias reales.

Rodríguez *et al* (2011) afirma que el término "investigación acción" fue propuesto por el autor Kurt Lewis y fue utilizado por primera vez en 1944, describiendo una forma de investigación que podía vincular el enfoque experimental de la ciencia social con programas de acción social que atendiera a los problemas sociales principales de entonces. Lewis aseguraba que mediante la investigación – acción se podía lograr en forma simultáneas avances teóricos y cambios sociales.

Kemmis y McTaggart (1988 en Rodríguez *et al*, 2011) han descrito con amplitud las características de la investigación-acción. Las líneas que siguen son una síntesis de su exposición. Como rasgos más destacados de la investigación-acción se enlistan los siguientes:

☐ Es participativa. Las personas trabajan con la intención de mejorar sus propias prácticas.

☐ La investigación sigue una espiral introspectiva: una espiral de ciclos de planificación, acción, observación y reflexión.

☐ Es colaborativa, se realiza en grupo por las personas implicadas.

☐ Crea comunidades autocríticas de personas que participan y colaboran en todas las fases del proceso de investigación.

☐ Es un proceso sistemático de aprendizaje, orientado a la praxis (acción críticamente informada y comprometida).

☐ Induce a teorizar sobre la práctica.

☐ Somete a prueba las prácticas, las ideas y las suposiciones.

☐ Implica registrar, recopilar, analizar nuestros propios juicios, reacciones e impresiones en torno a lo que ocurre; exige llevar un diario personal en el que se registran nuestras reflexiones.

☐ Es un proceso político porque implica cambios que afectan a las personas.

☐ Realiza análisis críticos de las situaciones.

☐ Procede progresivamente a cambios más amplios.

☐ Empieza con pequeños ciclos de planificación, acción, observación y reflexión, avanzando hacia problemas de más envergadura; la inician pequeños grupos de colaboradores, expandiéndose gradualmente a un número mayor de personas.

Nateras (2004) señala que a través de la historia se han establecido diferentes teorías, con el interés de que el conocimiento en Ciencias Sociales tenga un nivel de científico. Estas teorías o paradigmas son la base del conocimiento científico. En este sentido, en una gran medida el razonamiento científico está en contacto con "nociones vulgares, que no sólo se encuentran en la base de la ciencia, sino también...en el estado actual de nuestros conocimientos". (Bordieu, 1998: 131 en Nateras, 2004). Esto quiere decir que en el proceso de investigación científica es fundamental decidir qué método se va a utilizar. Es importante destacar que el método se deriva de la teoría. Esta selección del método depende de tres elementos: el tipo de fenómeno a estudiar, los objetivos de la investigación y la perspectiva de análisis del investigador.

Se hace necesario comprender que la selección del método es un requisito vital para el éxito de la investigación y se constituye en la herramienta que garantiza la sistematización y el ordena de la investigación, adicionalmente, ayuda al logro de los objetivos establecidos en un estudio. Para ayuda a obtener mejores resultados en el trabajo científico, el método ofrece un conjunto de reglas, procedimientos y técnicas que acercan al objeto de estudio y auxilian al investigador en el proceso de investigación científica.

En situaciones en las que se presente un conflicto entre dos métodos susceptibles de ser empleados en la investigación Calduch (2012) sugiere que *deberá primar el que mejor se adapte al tema elegido, el que aporte una explicación mayor o más rigurosa y si ambos son igualmente explicativos, el que resulte más adecuado a la información o técnicas disponibles y, en último extremo, nos permita una mayor capacidad predictiva.*

El Diseño de la Investigación

Explica cómo se realiza el trabajo objeto de investigación, los parámetros que se establecen y los datos estadísticos usados para evaluar la información recolectada. Mediante este enfoque se describe si es un estudio de investigación exploratorio, descriptivo, correlacional o explicativo.

En esta sección es importante resaltar que el tipo de pregunta hecha por el investigador determinará en última instancia el tipo de enfoque necesario para completar una evaluación precisa del tema de la investigación.

Investigación Exploratoria

La investigación exploratoria tiene como objetivo examinar o explorar un problema de investigación poco estudiado o que no ha sido analizado antes. Por esa razón, ayuda a entender fenómenos científicamente desconocidos, poco estudiados o nuevos, apoyando en la identificación de conceptos o variables potenciales, identificando relaciones posibles entre ellas (Cazau, 2006).

La investigación exploratoria, conocida también como formulativa (Selltiz et al, 1980 en Cazau, 2006), ayuda a conocer y mejorar el conocimiento sobre los fenómenos de estudio para explicar mejor el problema a investigar. Tiene la posibilidad de partir o no de hipótesis previas, pero al investigador aquí se le pide ser flexible, es decir, no tener sesgos en el manejo de la información. La investigación exploratoria estudia a las variables o factores que podrían estar relacionados con el fenómeno en estudio, y termina cuando existe una clara idea de las variables relevantes y cuando ya se tiene información suficiente sobre el tema.

Un estudio exploratorio puede comenzar con una hipótesis previa, por ejemplo, se puede tener idea inicial sobre los factores vinculados con la drogadicción. Pero esta idea inicial es una señal muy genérica y sólo ayuda a descartar la influencia de algunos elementos tales como si

Júpiter tiene o no tiene atmosfera, pero por ejemplo, no debe servir para descartar otros posibles factores relevantes, tales como la inestabilidad política, social o económica de los países donde aparece la drogadicción (Cazau, 2006).

Para Zikmund (2009) cuando un investigador tiene una cantidad limitada de experiencia o conocimiento sobre un tema de investigación, la investigación exploratoria es un útil paso preliminar. Ayuda a garantizar que un estudio más riguroso y concluyente en el futuro se iniciará con una comprensión adecuada de la naturaleza del problema de investigación.

El foco de la investigación cualitativa no está en los números, sino en las palabras y en observaciones: historias, representaciones visuales, caracterizaciones significativas, interpretaciones y demás descripciones expresivas.

Un investigador puede buscar números para indicar las tendencias económicas, pero la investigación exploratoria no involucra fuertes análisis matemáticos rigurosos. La información puede ser investigada de manera informal para aclarar cualidades o características que están asociados con un objeto, situación o problema. De esto se desprende que la investigación exploratoria en su mayor parte es cualitativa. En adición, la investigación exploratoria puede ser una sola investigación o una serie de estudios no formales destinados a proporcionar información de fondo.

Siguiendo la propuesta de Zikmund (2009), el propósito de la investigación exploratoria se entrelaza con la necesidad de una indicación precisa del problema de la investigación. Los investigadores realizan investigación exploratoria para tres propósitos interrelacionados: (1) El diagnóstico de una situación, (2) Selección de Alternativas, y (3) El descubrimiento de nuevas ideas. Es necesario entender que el propósito, en lugar de la técnica, es el que determina si un estudio es exploratorio, descriptivo o causal.

Un investigador puede elegir entre cuatro categorías generales de métodos de investigación exploratoria: (1) Encuestas de experiencia, (2) Análisis de datos secundarios, (3) Estudios de casos, y (4) Estudios pilotos. Cada categoría ofrece diferentes alternativas para obtener información.

Investigación Descriptiva

La investigación descriptiva encaja en las dos definiciones de las metodologías de investigación, cuantitativas y cualitativas, incluso dentro del mismo estudio. La investigación descriptiva se refiere al tipo de pregunta de investigación, diseño y análisis de datos que se aplica a un tema determinado. La estadística descriptiva responde a las preguntas quien, que, cuando, donde y como.

La investigación descriptiva puede ser cuantitativa o cualitativa, incluyendo las colecciones de información cuantitativa que pueden ser tabuladas a lo largo de un continuo en forma numérica, como las puntuaciones en una prueba o el número de veces que una persona elija usar un cierto rasgo de un programa multimedia, o puede describir categorías de información como el género o los patrones de interacción cuando se utiliza la tecnología en una situación de grupo.

La investigación descriptiva consiste en la recopilación de datos que describen los acontecimientos y luego organiza, tabula, representa y describe la recopilación de datos (Glass & Hopkins, 1984). A menudo utiliza ayudas visuales tales como gráficos y tablas para ayudar en la comprensión de la distribución de los datos. Debido a que la mente humana no puede extraer el significado completo de una gran masa de datos en bruto, las estadísticas descriptivas son muy importantes en la síntesis de los datos de una forma más manejable. Cuando en profundidad, las descripciones narrativas de un pequeño número de casos están involucradas, la investigación utiliza a la descripción como una herramienta para organizar los datos en patrones que surgen durante el análisis. Esos patrones ayudan a la mente en la comprensión del estudio cualitativo y sus implicaciones.

Los estudios descriptivos reportan datos resumidos, tales como las medidas de tendencia central que incluyen la media, mediana, moda, desviación de la media, variación, porcentaje, y la correlación entre las variables. Las encuestas comúnmente incluyen ese tipo de medida, pero a menudo va más allá de la estadística descriptiva con el fin de sacar conclusiones.

La investigación descriptiva es excepcional en el número de variables estudiadas. Al igual que otros tipos de investigación, la investigación descriptiva puede incluir múltiples variables para el análisis, sin embargo, a diferencia de otros métodos, requiere de una sola variable (Borg & Gall, 1989). Por ejemplo, un estudio descriptivo podría emplear métodos de análisis de las correlaciones entre las variables mediante el uso de varias pruebas como el producto del momento de Pearson, de correlación, regresión o análisis de regresión múltiple. Por otro lado, la investigación descriptiva simplemente podría informar del porcentaje resumen en una sola variable.

La estadística descriptiva utiliza técnicas de recolección de datos y análisis que produce informes relativos a las medidas de tendencia central, variación y correlación. La combinación de su resumen de características y estadísticas correlacionales, junto con su enfoque en los tipos específicos de preguntas de investigación, métodos y resultados es lo que distingue a la investigación descriptiva de los demás tipos de investigación.

Los tres objetivos principales de la investigación son: describir, explicar y validar los resultados. La descripción surge después de la exploración creativa, y sirve para organizar los resultados con el fin de encajar con las explicaciones, y luego probar o validar las explicaciones (Krathwohl, 1993). Muchos estudios de investigación requieren la descripción de los fenómenos naturales o provocados por el hombre, tales como su forma, estructura, actividad, cambian con el tiempo, la relación con otros fenómenos, y así sucesivamente. La descripción a menudo ilumina conocimientos que de otra forma no podría notar o incluso encontrar. Varios importantes descubrimientos científicos, así como información antropológica sobre eventos fuera de nuestras experiencias comunes son el resultado de lo que tales descripciones. Los métodos de recogida de datos para la investigación descriptiva se pueden emplear solos o en diversas combinaciones, dependiendo de las preguntas de investigación a la mano. La investigación descriptiva a menudo insta a diseños de investigación de tipo cuasi-experimental (Campbell & Stanley, 1963).

Algunos de los métodos de recopilación de datos comunes aplicados a cuestiones comprendidas en el ámbito de la investigación descriptiva incluyen encuestas, entrevistas, observaciones y portafolios. Los métodos de recogida de datos para la investigación descriptiva se pueden emplear solos o en diversas combinaciones, dependiendo de las preguntas de investigación a la mano.

Los estudios descriptivos pueden producir datos ricos que conducen a importantes recomendaciones. Por ejemplo, Galloway (1992) basa sus recomendaciones para la enseñanza con las analogías de ordenador en datos descriptivos y

Wehrs (1992) llega a conclusiones razonables sobre el uso de sistemas expertos para apoyar la consejería académica. Por otro lado, la investigación descriptiva puede ser mal utilizada por aquellos que no entienden su propósito y limitaciones. Por ejemplo, no se puede tratar de extraer conclusiones que muestran causa y efecto, ya que está más allá de los límites de las estadísticas empleadas.

Investigación Correlacional

Presenta como objetivo medir el la relación que existe entre dos o más variables, en un contexto dado. Intenta determinar si hay una correlación, el tipo de correlación y su grado o intensidad. En otro sentido, la investigación correlacional busca determinar cómo se relacionan los diversos fenómenos de estudio entre sí (Cazau, 2006).

Un estudio correlacional, por ejemplo, buscaría determinar si hay alguna relación entre motivación y productividad laboral para los mismos empleados de una fábrica, o si hay alguna relación entre el sexo del cónyuge alcohólico y el número de divorcios o abandonos ocasionados por el alcoholismo, o si existe vinculo entre el tiempo dedicado al estudio y las calificaciones recibidas. El propósito mas destacado de la investigación correlacional es analizar cómo se puede comportar una variable conociendo el comportamiento de otra u otras variables relacionadas, esto expresa que el propósito es predictivo. Por ejemplo, si se sabe que la ocupación y la preferencia de voto están correlacionadas, se puede predecir que los empleados tenderán a votar por determinado partido político. No se refiere a una predicción incipiente como en la investigación descriptiva, ya que en los estudios correlacionales la predicción está apoyada en evidencias más firmes basadas en la constatación estadística de un vínculo de correlación (Cazau, 2006).

Investigación Explicativa

La investigación explicativa tiene como objetivo responder a la pregunta ¿Por qué?. Esta investigación intenta ir más allá de la investigación exploratoria y descriptiva para identificar las causas reales de un problema. Un ejemplo de investigación descriptiva sería un estudio que concluye que los esposos sin creencias religiosas tienen el doble de probabilidades de separarse que las parejas cristianas. En este sentido, un investigador explicativo estaría interesado en las razones detrás de estos hechos.

Hay otros objetivos de la investigación exploratoria que incluyen explicar las cosas en detalle y no sólo informar. Uno de ellos es construir y ampliar las razones detrás de la teoría. Si existen varias explicaciones para un fenómeno particular la investigación explicativa determina la mejor respuesta. Cuando una teoría ya ha sido desarrollada, la atención de este tipo de investigación se centra en formular y comprobar las predicciones de una teoría o principios. Si los resultados consistentemente están de acuerdo con la teoría, son válidos. Si los experimentos no producen los mismos resultados que la teoría original, con toda probabilidad, la teoría sería falsa y una revisión del estudio tendría que llevarse a cabo para encontrar una mejor explicación para el fenómeno.

La investigación explicativa construye y elabora teorías y agrega valor a las predicciones y a los principios científicos. Esto se hace logra usando el método científico para probar la evidencia para utilizarla en la ampliación de una idea propuesta o para utilizarla para llegar a nuevas áreas y temas, así como los nuevos temas que la ciencia desarrollar para mejorar la calidad de vida de la sociedad.

Los objetivos de la investigación explicativa son:

- Explicar las cosas no sólo informes. ¿Por qué? Elaborar y enriquecer la explicación de una teoría

- Determinar cuáles de varias explicaciones es la mejor.

- Determinar la exactitud de la teoría y probar las predicciones de una teoría o principio.

- Avanzar en el conocimiento sobre el proceso subyacente.

- Construir y elaborar una teoría, y en adición, elaborar y enriquecer las predicciones de una teoría o principio.

- Extender una teoría o principio a nuevas áreas, temas nuevos y nuevos tópicos.

- Ofrecer pruebas para apoyar o refutar una explicación o predicción.

- Poner a prueba las predicciones de una teoría o principios.

Cazau (2006) señala que las investigaciones descriptivas y correlacionales son una simple descripción los fenómenos de estudio, por esta razón se enfocan en realizar mediciones de una o más variables dependientes en algún universo o muestra. Por otro lado, la investigación explicativa tiene un mayor alcance al buscar una explicación del fenómeno en cuestión, para lo que trata de establecer la naturaleza de la relación entre uno o más efectos o variables dependientes y una o más causas o variables independientes.

Este tipo de investigación trasciende a la simple descripción de la relación entre variables, estando dirigido a indagar las causas de los problemas, tratando de dar una explicación de por qué ocurren, o por qué dos o más variables están vinculadas. "No es lo mismo decir que ocupación y preferencia política están relacionadas, a explicar por qué lo están en términos de un vínculo causa-efecto" (Cazau, 2006).

Las investigaciones explicativas son más estructuradas que las demás, proporcionando un sentido de comprensión del objeto de estudio, y procurando entenderlo en base a sus causas y no a partir de una simple correlación estadística comprobada con otras variables. La investigación explicativa es también conocida como investigación experimental.

Clasificación de las investigaciones explicativas según Hyman (1984 en Cazau, 2006):

Investigación Teórica o Experimental. Verificación de una hipótesis específica derivada de una teoría más amplia, como determinante especial del objeto de estudio.

Investigación de Evaluación o Programática. Se refiere a aquella donde los factores se estudian desde el punto de vista del apoyo que ofrecen para determinar el objeto de estudio. El objetivo es la aplicación, modificación o cambio de algún estado de cosas o fenómeno, tomando como referencia el conocimiento probado de los factores en cuestión.

Investigación de Diagnóstico. Tiene como objetivo la búsqueda de posibles causas en un escenario básicamente desconocido.

CONSTRUCTOS, VARIABLES, DIMENSIONES & INDICADORES

CONSTRUCTOS, VARIABLES, DIMENSIONES & INDICADORES

Constructos

Respecto del constructo, Gras (1980) explica que la mejor manera en que la investigación identifica a su objeto de estudio es por medio del concepto, un intento de abstracción realizado sobre algún aspecto o rasgo que presentan las cosas bajo observación. La inteligencia, rendimiento, agresión, emoción, tendencia, son ejemplos de esto. El mencionado autor se refiere al constructo como un concepto formulado en forma deliberada con objetivos científicos, que tiene dos características: a) se vincula con otros constructos (aspecto relacional), y b) es sujeto de observación y medición (aspecto reductivo).

Para Gras (1980), cuando un concepto puede ser observado y medido, y si puede relacionársele con otros conceptos a través de hipótesis, entonces puede utilizársele en la investigación científica y se denomina "constructo".

En adición, los constructos se pueden definir como propiedades que son subyacentes, a las cuales no se les puede medir en forma directa, solo se miden a través de manifestaciones externas de su existencia, o sea, usando indicadores. Es decir, por ser los constructos variables subyacentes, con frecuencia son identificados con la denominación común de variables (Briones, 1996).

Puede decirse que las construcciones son las definiciones mentales de propiedades de los eventos de los objetos que pueden variar.

Variables

La variable puede definirse como un aspecto o dimensión de un objeto de estudio que tiene como característica la posibilidad de presentar valores en forma distinta.

Según Cazau (2006) las variables se refieren a atributos, propiedades o características de las unidades de estudio, que pueden adoptar distintos valores o categorías. Por su parte para Briones (1996) las variables son propiedades, características o atributos que se dan en grados o modalidades diferentes en las unidades de análisis y, por derivación de ellas, en grupos o categorías de las mismas. En este sentido, presenta como variables, la edad, el ingreso, la educación, el sexo, la ocupación, etc.

Betacur (2012) afirma que una variable es una característica que se puede someter a medición, es una propiedad o un atributo que puede presentarse en ciertos objetos o fenómenos de estudio, así como también con mayor o menor nivel de presencia en los mismos y con potencialidades de medición. El término define que debe presentar niveles de variabilidad y debe llevarse de un nivel conceptual (abstracto) a un nivel operativo (concreto), que debe ser observable y medible. Las variables se derivan de la unidad de análisis y están contenidas en las hipótesis y en el planteamiento del problema de la investigación.

En fin, una variable puede considerarse como una condición, o cualidad que puede variar de un caso a otro.

Identificación de variables

Generalmente pueden definirse tres tipos de variables:

Independientes. Se presentan como elementos, fenómenos o situaciones que explican, condicionan o determinan la presencia de otros elementos de estudio.

Dependientes. Pueden identificarse como los elementos, fenómenos o situaciones que son explicadas en función de otros elementos.

Intervinientes. Son los elementos o factores que pueden presentarse en la relación de la variable independiente y la variable dependiente, es decir, influye en la aparición de otros elementos, pero de una manera indirecta.

De acuerdo al tipo de medición las variables pueden clasificadas como cualitativas y cuantitativas, dependiendo de que se midan numéricamente o numéricamente. Por ejemplo, variables como 'religión' o 'sexo' son cualitativas, y las variables 'edad' o 'peso' son cuantitativas. Desde luego, depende de la decisión del investigador considerar una variable como cualitativa o cuantitativa, de acuerdo a su elección. Si establece para la variable 'estatura' valores tales como 'alta', 'media' y 'baja' la identifica como cualitativa; pero si le asigna valores de '1.80 m' o de '1.90 m', la identifica como variable cuantitativa. Si se desea tener precisión en la medición, deberá preferirse siempre que se pueda el nivel cuantitativo (Cazau, 2006).

Para las variables cuantitativas, los indicadores numéricos deben ser aplicados como indicadores de cantidad y no como etiquetas de identificación. Por ejemplo, La variable 'jugador de fútbol' tiene categorías como 'defensor', 'atacante', 'mediocampista', etc, que además, pueden identificarse con números por ejemplo 1 al 11, lo cual no quiere decir que esa variable sea clasificada cuantitativa (Cazau, 2006).

Dimensiones

Muchos autores señalan que generalmente cuando se presentan variables de estudio complejas, se hace necesario o adecuado especificar dimensiones de estudio y posteriormente, establecer los indicadores (Ver gráfico 7).

Las dimensiones son definidas como los aspectos o facetas de una variable compleja. Por ejemplo, las dimensiones de a inteligencia podrían ser inteligencia verbal, inteligencia manual e inteligencia social; dimensiones de memoria podrían ser memoria visual, memoria auditiva y memoria cinética, o también memoria de corto plazo y memoria de largo plazo; dimensiones de clase social podrían ser nivel socio-económico y nivel de instrucción; dimensiones de creatividad podrían ser creatividad plástica y creatividad literaria, etc. Pueden también establecerse sub-dimensiones, como por ejemplo las sub-dimensiones creatividad en prosa y creatividad en poesía para la dimensión creatividad literaria. Cuanta más cantidad y niveles de dimensiones y sub-dimensiones requiere una variable, tanto más compleja será ésta (Cazau, 2006).

La formulación de las dimensiones depende de cómo se defina desde un inicio conceptualmente la variable. Si por ejemplo, en la definición de clase social se ha subrayado la importancia del nivel económico y del nivel de instrucción, pueden tomarse estos aspectos como dimensiones, o sea, se piensa que lo económico y lo educativo es importante para entender a qué clase social pertenece un individuo. Igualmente, si se usa la teoría de Gardner acerca de las inteligencias múltiples para dar una definición conceptual de inteligencia, esto puede llevar a elegir como dimensiones de estudio a la inteligencia verbal, matemática, artística, intrapersonal, interpersonal, kinestésica, etc.

Indicadores

Son las señales que permiten identificar las características o propiedades de las variables, dándose con respecto a un punto de referencia. Dentro de este marco, son señales comparativas con respecto a contextos o a sí mismas. Tienen expresiones matemáticas que se respaldan con la estadística, la epidemiología y la economía. Se presentan como razones, proporciones, tasas e índices. Permiten hacer mediciones a las variables. Algunos ejemplos de indicadores: indicadores económicos son el peso mexicano, el kilogramo de café, la onza de oro, etc. Como indicadores de pobreza están las migraciones, los desplazados, el desempleo, los asentamientos suburbanos, etc.

Algunas de las definiciones más claras de indicadores son presentadas por Cazau (2006):

a) Un indicador es una propiedad manifiesta u observable que se supone está ligada empíricamente, aunque no necesariamente en forma causal, a una propiedad latente o no observable que es la que interesa (Mora y Araujo, 1971 en Cazau 2006).

b) Se denomina indicador a la definición que se hace en términos de variables empíricas de las variables teóricas contenidas en una hipótesis (Tamayo, 1999 en Cazau (2006).

c) Un indicador de una variable es otra variable que traduce la primera al plano empírico (Korn, 1965 en Cazau, 2006).

Gráfico 7. Variable, Dimensiones e Indicadores

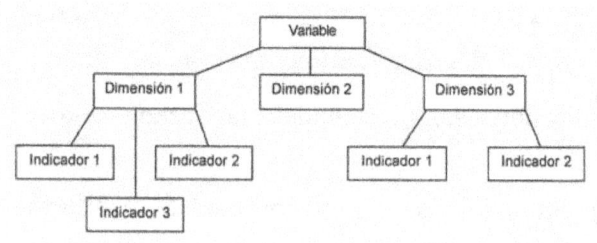

Fuente: Cazau (2006).

Definición conceptual de las variables

La definición conceptual de las variables que contiene el objeto de estudio es necesaria para comprobar la validez de las hipótesis. Este paso permite proceder a clasificarlas, operacionalizarlas y categorizarlas.

En la investigación científica se requieren conceptualizaciones explicitas que no contengan síntomas de ambigüedad y preferiblemente definiciones conceptuales, que señalen atributos esenciales y no se dediquen simplemente a dar ejemplos.

La definición conceptual de las variables establece con precisión lo que se quiere decir cuando se usa un término.

Una buena definición conceptual observa como otros académicos han definido un término, y busca un consenso a menos que exista una buena razón para desviarse, así mismo permite examinar la teoría que se quiere comprobar.

Argyrous (2011) sostiene que la definición conceptual (o definición nominal) de una variable utiliza términos literales para especificar las cualidades de una variable.

Una definición conceptual es muy similar a una definición de diccionario, ya que proporciona una definición de la variable para que tengamos una idea general de lo que significa Por ejemplo, podría definir la "salud" conceptualmente como "estado de bienestar de un individuo". Está claro, sin embargo, que si se instruye a los investigadores a salir y evaluar el "estado de bienestar" de las personas, ellos comenzarían a rascarse la cabeza. La definición conceptual de una variable es sólo el principio, también es necesario un conjunto de normas y procedimientos - Operaciones - que permitan realmente "observar" una variable para cada caso. ¿Qué vamos a buscar para identificar el estado de salud de una persona? ¿De qué manera los investigadores registran como los estados de bienestar varían de una persona a otra? Este es el problema de la operacionalización de la variable (Argyrous, 2011).

Definición operacional de las variables

La definición operacional de una variable especifica los procedimientos y criterios para la medición de esta variable para los casos individuales (Argyrous, 2011).

Cazau (2006) señala que para lograr la definición operacional de una variable es necesario especificar las operaciones o actividades que debe llevar a cabo el investigador para medirla. Este tipo de operación se llama indicador, y, cuando recopila información de la realidad es capaz de traducirla en datos. Las variables simples se pueden operacionalizar con un solo indicador, mientras que las variables complejas requieren de un conjunto de indicadores.

Reynolds (1971) explica que "la definición operacional es el conjunto de procedimientos que describe las actividades que un observador debe realizar para recibir las impresiones sensoriales (sonidos, impresiones visuales o táctiles, etc.) que indican la existencia de un concepto teórico en mayor o menor grado".

RESULTADOS, DISCUSIÓN

&

CONCLUSIONES

RESULTADOS, DISCUSIÓN & CONCLUSIONES

Graf (2008) explica que las secciones de resultados y discusión presentan los resultados de la investigación y los análisis de los resultados. Las secciones de resultados, discusión y conclusiones se combinan con frecuencia en artículos de revistas de investigación.

El propósito de las secciones de Resultados y Discusión de acuerdo a Graf (2008) es responder a las siguientes preguntas:

¿Por qué nos preocupamos por el problema, las preguntas y los resultados?

¿Qué problema y preguntas se está tratando de resolver?

¿Cómo se hizo para resolver o avanzar en el problema?

¿Cuáles son las respuestas a las preguntas de investigación?

¿Cuáles son las implicaciones de las respuestas?

Sección Resultados

La sección de resultados debe comenzarse con una descripción de como se han tratado los datos. En caso de que se hayan descartado algunos datos, debe decirse que datos se descartaron y por qué, es decir, dar el criterio de exclusión (La Universidad de Essex, 2012).

Debe seguirse la descripción del tratamiento de los datos con un resumen claro y conciso de los datos mediante una estadística descriptiva. En un experimento sencillo, esto a menudo toma la forma de poner la media y las desviaciones estándar para cada condición en las frases que siguen el tratamiento de los datos. En un estudio más complejo (con varias medidas dependientes, o condiciones de tres o más), la estadística descriptiva se ponen a menudo en una tabla. A veces será mejor utilizar un gráfico en vez de poner los descriptivos en una tabla o en el texto. Por ejemplo, esto es común cuando se quiere ilustrar que hay una tendencia a través de condiciones, o cuando existe un patrón complejo de los resultados, por ejemplo, una interacción entre dos variables (La Universidad de Essex, 2012).

Todas las tablas y figuras deben estar claramente numeradas, y deben incluir un título que identifique a las variables pertinentes, las condiciones y las unidades de medida. Además, hay que asegurarse de que los ejes estén correctamente identificados. Por otra parte, cada vez que se incluye un gráfico o una tabla, debe referirse a ella en el texto del informe. En otras palabras, el lector debe saber cuando se hace referencia a una figura o tabla (La Universidad de Essex, 2012).

Los cálculos de medias y desviaciones estándar no siempre es lo mejor para todo tipo de estudio - otras estadísticas descriptivas pueden ser apropiadas. Al analizar los datos de recuento o datos de frecuencia, los porcentajes son útiles. Al analizar las relaciones, los coeficientes de correlación son generalmente las mejores estadísticas descriptivas. Es común que se incluyan medidas del tamaño del efecto: esto se puede hacer ya sea al lado de las otras estadísticas descriptivas o se pueden presentar cuando las pruebas estadísticas son reportadas (La Universidad de Essex, 2012).

Nunca ponga las tablas de datos crudos en la sección de resultados, es mejor dar datos resumidos (medias / medianas y desviaciones estándar) en su lugar (La Universidad de Essex, 2012).

Nunca se debe cortar y pegar los datos de un paquete estadístico en los resultados. Siempre se debe pensar cuidadosamente acerca de qué información es relevante y útil, y presentarla de la mejor manera sin repetición (La Universidad de Essex, 2012).

En la sección de resultados, se deben utilizar los mismos nombres informativos para las condiciones que figuran en la sección de metodología. Esto ayudará a la coherencia de la investigación (La Universidad de Essex, 2012).

Las estadísticas descriptivas por lo general son seguidas por la estadística inferencial (pruebas estadísticas que le ayudarán a decidir lo que debe concluir acerca de los datos). Debe quedar claro que prueba (s) se han utilizado y en qué datos se realizaron las pruebas. Para la mayoría de las pruebas estadísticas (por ejemplo, un test-t) es una prueba estadística que debe informarse (por ejemplo, el valor-t), junto con el valor de p. A menudo, hay otro tipo de información a incluir (por ejemplo, los grados de libertad). Para cada prueba es diferente, es importante aprender cuál es la información que se debe reportar (La Universidad de Essex, 2012).

Deshpande (2008) sostiene que la sección resultados comprende una parte importante del reporte que describe las observaciones obtenidas después de una investigación. Los resultados deben estar organizados de tal forma que apoyen a las preguntas de investigación, hipótesis y discusión. Es conveniente presentar los resultados como párrafos titulados. Cada uno de estos párrafos debe ser capaz de proporcionar los datos de las observaciones presentadas en el texto, tablas y gráficas. La secuencia de las tablas y figuras tienen que estar dispuestas en secuencia lógica para apoyar las preguntas de investigación e hipótesis que están bajo investigación.

Las ilustraciones o figuras, según Deshpande (2008) deben cumplir con los siguientes puntos:

- ¿Estas cifras o ilustraciones proporcionan evidencia para el estudio?
- ¿Se mejorar la eficacia de la presentación?
- ¿Enfatizan los puntos de las observaciones en el estudio?
- Las ilustraciones deben utilizarse sólo cuando contienen la evidencia necesaria para apoyar una conclusión.

Si una figura o ilustración gráfica es mucho más eficiente en la presentación de las evidencias para los resultados, en lugar de una larga redacción en el texto, entonces la figura es esencial. En adición, los datos numéricos que muestran la relación de dos o más variables pueden ser eficientemente mejor presentados en un gráfico (Deshpande, 2008).

La sección de resultados trata de las observaciones formuladas por los autores por lo que no es hipotética. Las observaciones no cambian con el tiempo, mientras que las interpretaciones (discusión) pueden cambiar con el tiempo. Por lo tanto, los datos deben presentarse de forma clara y efectiva suministrando las evidencias en el texto, figuras o tablas. Además, las interpretaciones de las secciones de discusión se basarán totalmente en estas observaciones (Deshpande, 2008).

Sección Discusión

La Universidad de Essex (2012) recomienda que en la sección discusión, se interpreten los resultados del estudio y se discuta su significado. Es importante que su análisis se refiera a las cuestiones tratadas en el planteamiento del problema y en las preguntas de investigación, ya que esto presenta las razones para llevar a cabo el estudio y los resultados deberían proporcionar más detalles acerca de estos puntos. Es decir, deben vincularse los argumentos expuestos en esta sección, con los temas de estudio del planteamiento del problema, preguntas de investigación e hipótesis planteadas en secciones previas de la investigación.

La Universidad de Essex (2012) requiere que en la discusión deben plantearse las siguientes interrogantes:

(1) ¿Cómo se comparan los resultados con las preguntas de investigación y / o predicciones?

(2) ¿Cómo se comparan los resultados con resultados publicados previamente?

(3) ¿Cuáles son las implicaciones para investigaciones futuras?

Es recomendable comenzar la discusión con una declaración clara de lo que la investigación encontró. Haciendo esto, se verificará el logro de los principales objetivos del estudio, por lo que los resultados demostrarán tener sentido en este contexto. Subsiguientemente, se sugiere hacer comentarios sobre los resultados en relación a las predicciones o preguntas de investigación que aborda el estudio, identificando las predicciones que son apoyadas por los resultados, e identificando los resultados esperados. Así mismo, deben considerarse las posibles explicaciones de los resultados (La Universidad de Essex, 2012).

En este orden de ideas, es procedente discutir los resultados en relación a preguntas de investigación idénticas o similares de investigaciones previas. Lo más importante es decir como los resultados arrojan luz sobre la teoría o teorías indicadas previamente en la investigación. Si procede, se puede comenzar con una comparación entre los resultados de la investigación y los resultados de otros estudios (La Universidad de Essex, 2012)

Una buena sugerencia es buscar en los métodos de otros estudios posibles fuentes de discrepancia entre los resultados de la investigación y los resultados de otras investigaciones. Estas comparaciones con estudios anteriores pueden dar una idea de los resultados, o pueden sugerir explicaciones alternativas para los resultados obtenidos (La Universidad de Essex, 2012).

Es importante y congruente recordar que todo lo que se discuta debe ser relevante para las preguntas de investigación que el estudio se dispuso abordar. Hay que asegurarse de declarar las teorías que apoyan los resultados, y decir cómo las teorías pueden ser ajustadas con el fin de dar cuenta de los resultados obtenidos (La Universidad de Essex, 2012).

Después de declarar y discutir los hallazgos se debe identificar que preguntas quedan sin contestar y que nuevas preguntas han surgido. Esto lleva a determinar que investigación futura será importante llevar a cabo. Si hay explicaciones alternativas para los resultados, esto proporcionará una buena razón para sugerir nuevos estudios que podrían llevarse a cabo. Se debe tratar de ser lo más específico posible: decir qué tipo de estudio se debe hacer, y porque ayudará a determinar qué explicación es mejor. Si hay maneras de que el estudio podría ampliarse para hacer frente a nuevas preguntas de investigación relacionadas con la investigación. Por ejemplo, mediante la adaptación de una de las condiciones de la problemática planteada, o la modificación de la variable dependiente (s). Esto se puede discutir en esta sección, pero hay que tener cuidado de ser demasiado especulativo, siempre dejando en claro las posibles consecuencias y los beneficios de los cambios que se proponen, respaldados con fuentes bibliográficas adecuadas (La Universidad de Essex, 2012).

Es necesario asegurarse siempre que lo que se diga es altamente específico para la investigación que se ha hecho y no una simple discusión de los factores generales que se aplican a la investigación total (La Universidad de Essex, 2012).

Los Anales de la Revista de Medicina Interna (2008) ofrece las siguientes recomendaciones a los autores para la estructuración de la sección de discusión:

- Proporcionar un breve resumen de los principales hallazgos, haciendo especial hincapié en cómo los resultados se suman al acervo de conocimientos pertinentes.
- Discutir los posibles mecanismos y explicaciones para los hallazgos.

- Comparar los resultados del estudio con los resultados pertinentes de otros trabajos publicados.

- Citar brevemente fuentes bibliográficas y métodos que identifiquen trabajos pertinentes previos.

- Discutir las limitaciones del presente estudio y los métodos utilizados para minimizar o compensar esas limitaciones.

- Mencionar las direcciones futuras de investigación cruciales.

- Concluir con una breve sección que resuma de una manera directa y perspicaz las implicaciones científicas de la investigación.

Sección Conclusiones

Las conclusiones de una de investigación, según explica Assan (2009), reafirman la declaración del problema, analiza las preguntas de investigación, el logro de los objetivos, y llega a un juicio definitivo de las hipótesis. La conclusión no es un resumen, es una creencia basada en el razonamiento y en las evidencias que se han acumulado. Este es el lugar para compartir con los lectores las conclusiones que se han alcanzado mediante la investigación.

La conclusión, según las recomendaciones de Assan (2009), busca llevar al examinador o al lector a un nuevo nivel de percepción acerca de la investigación. Un resumen de lo que ha dicho en el estudio no es satisfactorio. El lector difícilmente necesitará recordar las cosas acaban de leer ya que la misma naturaleza del estudio puede dictar el contenido general de la conclusión. Sin embargo, en particular debería reafirmar la declaración de la investigación y ofrecer respuestas a las preguntas planteadas en la investigación y justificar el método utilizado por el estudio, así como las vías de su avance.

El propósito de una conclusión es unir o integrar los diferentes temas de la investigación cubiertos en el cuerpo del proyecto, y hacer comentarios sobre el significado de todo esto. Esto incluye observar las consecuencias resultantes del examen del tema, así como las recomendaciones, la previsión de las tendencias futuras y la necesidad de una mayor investigación (Assan, 2009). Este capitulo final o sección tiene por objeto:

- Unir, integrar y sintetizar las diversas cuestiones planteadas en la sección de discusión, reflejando la declaración introductoria del problema, los objetivos y las hipótesis.

- Dar respuesta a la preguntas de investigación.

- Identificar las implicaciones teóricas y de políticas de la investigación con respecto al área total del estudio.

- Poner de relieve las limitaciones del estudio.

- Proporcionar dirección y áreas para futuras investigaciones.

Assan (2009) sugiere que una buena sección de conclusiones debería:

- Ser un final lógico sintetizando lo que ha sido previamente discutido, sin contener nueva información o material ajenos a la investigación.
- Debe reunir todas las partes del argumento del investigador y remitir al lector al enfoque que se definió en la introducción, y al tema central y por lo tanto crear un sentido de unidad.
- Ser muy sistemático, breve y no contener ninguna información nueva. Debe preferiblemente se igual a aproximadamente 5 páginas para una disertación de maestría y de 15 páginas para una Tesis doctoral.
- Añadir a la calidad general y el impacto de la investigación.

La sección de conclusión es más que un resumen de los capítulos o de datos que se han presentado en investigación. Además de proporcionar una síntesis de las principales conclusiones y argumentos proyectados por la investigación, se debe tomar una clara posición con respecto a la declaración del problema de la investigación. Para hacerlo con eficacia requiere que la conclusión se desarrolle con una estructura clara. Por lo tanto, la conclusión debe ser capaz de valerse por sí misma y proporcionar una justificación y defensa de la investigación realizada (tesis).

Una buena sección de conclusión debe tener una estructura clara que sea capaz de mantener la atención del lector o examinador y proporcionar una secuencia convincente de la forma en que el proyecto es capaz de manera inequívoca proveer conocimientos rigurosamente científicos y que puede agregar valor a la teoría. Casi como la estructura de una tesis en general, se debe tener un principio (introducción), una sección intermedia (síntesis de la constatación empírica como respuestas a las preguntas de investigación), las implicaciones teóricas y políticas y un fin -futuras direcciones y direcciones futuras de investigación más detalladas- (Assan, 2009).

El inicio de la sección de conclusiones. La sección final debe tener una introducción definitiva que atraiga la atención del lector a la declaración de la tesis sobre la que se realizó la investigación. La introducción de la conclusión <u>debe apoyarse en las preguntas de investigación</u> que el estudio se propuso responder desde un inicio y justificar claramente la necesidad de tales interrogantes y supuestos. También existe la necesidad de establecer el contexto, los antecedentes y / o la importancia del tema. Esta sección debe indicar un problema, controversia o una brecha en el campo de estudio. Al hacer esto, es conveniente que las preguntas de investigación y sus hipótesis sean esbozadas y se describan cuales fueron los principales objetivos del estudio (Assan, 2009).

Cabe destacar que la introducción de la conclusión, al igual que la de sección de discusión debe proporcionar un mapa de la forma en que el capítulo se ha estructurado. Por tanto, debe proporcionar una secuencia pictórica de los temas a tratar y la forma en que la sección terminará. Esto permite que el examinador o el lector tenga la oportunidad de saber lo que pueden esperar y que tenga una sólida base para entender el alcance de la investigación (Assan, 2009).

En concreto, las estrategias para el desarrollo de una buena introducción son las siguientes:

- Comenzar con una frase que se refiera al tema principal de discusión en la investigación.
- Indicar la importancia del tema tratado.
- Repetir las preguntas de investigación que se presentan al inicio de la investigación.

Hallazgos empíricos. La discusión en esta sección de las conclusiones deberá proporcionar una síntesis de los resultados empíricos del estudio con respecto a las preguntas de investigación individuales. Presentar evidencias y síntesis de los argumentos presentados en el cuerpo para mostrar cómo éstas convergen para responder a las preguntas de investigación y a los objetivos del estudio. No se debe resumir, esto se puede hacer mediante la inclusión de un breve resumen de los hallazgos principales en los diferentes capítulos que estos puntos pretenden ofrecer respuestas a las preguntas de investigación especificas que se abordan en la conclusión (Assan, 2009).

Implicaciones teóricas. Esta sección proporciona las implicaciones y contribuciones de esta síntesis con respecto a las preguntas de investigación y cómo pueden afectar a las teorías existentes en su comprensión. En esta sección se intenta argumentar brevemente como los hallazgos podrían influir aún más en la comprensión o aplicación del conocimiento en la materia en investigación (Assan, 2009).

Implicaciones en las políticas. En la identificación de las implicaciones políticas de los resultados de la investigación se debe presentar una breve síntesis de la relevancia política de las principales conclusiones de la investigación. Es conveniente resaltar el entendimiento teórico principal sobre el que se ha basado la investigación, como el estudio se sitúa dentro del marco teórico y cómo la investigación puede impactar en el debate con estas discusiones. En este sentido, es conveniente plantear cómo los resultados pueden afectar la práctica en el campo de estudio en el futuro (Assan, 2009).

Recomendaciones para investigaciones futuras. Cuando se escriba sobre la necesidad de futuras investigaciones se deben describir los planes con respecto a nuevas investigaciones sobre el tema o aspectos del proyecto que no se han tratado en el estudio, pero que son considerablemente importantes de investigar en el futuro cercano. Este apartado debe ser sencillo y corto, un máximo de una página en el caso de una tesis de doctorado y menos de la mitad de una página para otras disertaciones menores. Al señalar áreas de investigación futuras muestra evidencia del entendimiento del área de investigación que se está llevando a cabo. Demuestra que mientras se estaba investigando el tema, en algunos puntos, se encontraron más preguntas que respuestas (Assan, 2009).

Limitaciones de la investigación. Es importante identificar las diferentes limitaciones que se encontraron durante el trabajo de muestreo, recolección de datos y etapas de análisis de la investigación. Sin embargo, la limitación debe terminar con una nota positiva para fortalecer los resultados obtenidos (Assan, 2009).

El final de las conclusiones. Es recomendable agregar o dos frases para apoyar la declaración del problema de la investigación que se presentó al inicio ya que esto indicaría al examinador o lector que se ha cumplido con los objetivos reflejándose un sentido de unidad de la investigación (Assan, 2009).

En esta etapa se puede informar acerca de la importancia general de la investigación, el tema en general, y lo importante que es conocer acerca de él, como la investigación contribuye al conjunto de conocimientos de las áreas de estudio, o a una nueva visión de la ciencia (Assan, 2009).

PREGUNTA DE INVESTIGACIÓN & CONGRUENCIA

PREGUNTA DE INVESTIGACIÓN & CONGRUENCIA

Cuando se escribe y se edita un proyecto de investigación es importante prestar atención a la congruencia de la investigación. Desde esta perspectiva es importante centrarse en la interconexión lógica, consistencia, o unidad de las varias partes del estudio para facilitar una mayor alineación de estos elementos y crear un trabajo de investigación lleno de congruencia y lógica.

La integración de las diferentes secciones del proceso de investigación en un patrón textual coherente presenta ciertos desafíos para los investigadores. Las diferentes secciones como la presentación del problema, la revisión de la literatura, metodología, resultados y discusión que deben construirse en un sano sentido lógico y estructural, la alineación de las partes en un mosaico congruente a través del ciclo de la redacción en el papel muchas veces se pierde.

Algunos problemas de congruencia parecen provenir de prácticas muy naturales y comunes en la escritura. Los investigadores generalmente escriben las etapas de la investigación por sección y, cuando terminan con el texto de una sección en particular, continúan con la siguiente sección y luego con la siguiente hasta que el documento se haya completado. Incluso cuando examinan y revisan el proyecto reflexionan sobre el documento desde una perspectiva centrada por sección solamente. Este tipo de reflexión tiene sus ventajas, pero se corre el riesgo de no captar el panorama completo del documento y se puede perder la alineación de las ideas en las diferentes secciones.

Ocurre muchas veces que la atención a los detalles de cada una de las secciones puede distraer al investigador de la examinación de las relaciones entre cada sección a fin de cuidar la alineación y la unidad lógica en todo el documento de investigación en su conjunto.

Chenail et al. (2009) han identificado las principales incongruencias que ocurren en los documentos y reportes de investigación:

Revisión de la literatura y Preguntas de Investigación. Una falta de interconexión puede existir entre la literatura revisada y las preguntas de investigación planteadas. Es necesario construir un marco teórico que se vincule y responda a las preguntas de investigación.

Metodología y Preguntas de Investigación. A manera de ejemplo, las preguntas cualitativas de investigación y metodologías de investigación cualitativa generalmente se pueden organizar en términos de aquellos que hacen hincapié en la descripción, análisis o interpretación (Wolcott,

1994 en Chenail et al., 2009). En este sentido, los enfoques etnográficos son muy adecuados para proporcionar descripciones gruesas de entornos sociales y participantes, los análisis de las conversaciones como su nombre indica están orientados a proporcionar una contabilidad analítica de la charla cotidiana, y la fenomenología ayuda a los investigadores a centrarse en las interpretaciones de la gente sobre sus experiencias vividas. Si la pregunta de investigación de un investigador parece pedir una respuesta descriptiva, entonces se esperaría que el investigador utilizara una metodología descriptiva, siguiendo la pauta previamente establecida por la pregunta de investigación. Cuando tal correlación no aparece en el texto, esto quiere decir que existe una contradicción y por lo tanto no hay congruencia.

Resultados y Preguntas de Investigación. Con frecuencia ocurre que la dinámica de la investigación comienza a producir datos inesperados o que se salen de la dirección establecida en el inicio de la investigación. Los resultados parecen tomar vida propia y desvían la dirección del estudio. En estos casos el investigador debe documentar estos desarrollos emergentes. Es necesario que el investigador revise sus preguntas de investigación al desarrollar la sección de resultados y la sección de metodología para asegurar la alineación y congruencia y no aparezca el investigador como si ha perdido el control o dirección del estudio.

En esta sección final del libro se presenta en la tabla 5 un útil instrumento que sirve para revisar y asegurar la congruencia de la investigación. El proceso de revisión parte desde la pregunta de investigación y se vincula hacia otras secciones o etapas de investigación.

Tabla 5. Matriz de Congruencia con Respecto a la Pregunta de Investigación

Título de la Investigación: Congruente con las preguntas, variables, objetivos, hipótesis y diseños de la investigación.

Pregunta de Investigación	Variables	Objetivos	Hipótesis	Indicadores	Diseño de la Investigación
Exploratoria	Dependientes Independientes Puede no haber o ser desconocidas.	Exploratorios	Exploratorias	Observaciones. Pueden no ser necesarios.	Exploratorio
Descriptiva	Dependientes, Independientes	Descriptivos	Descriptivas	Parámetros de Mediciones	Descriptivo
Correlacional	Dependientes, Independientes Causales/Asociadas	Correlacionales	Correlacionales	Parámetros de Mediciones	Correlacional
Explicativa	Dependientes, Independientes Causales/Asociadas	Explicativos	Explicativa	Parámetros de Mediciones	Explicativo

Fuente: Autor

SINDROME

TODO MENOS TESIS (TMT)

SÍNDROME TODO MENOS TESIS (TMT)

El término Todo Menos Tesis (TMT), en su traducción al inglés conocido *como All But Thesis (ABT) and All But Dissertation (ABT)*, es un término fundamentalmente no oficial que identifica una etapa en el proceso de obtención de un grado académico. En esta etapa, el estudiante ha completado las materias de la carrera, exámenes de calificación, exámenes completos, se prepara para elaborar y defender su propuesta de tesis, tesina o proyecto. Para completar el grado, el estudiante debe llevar a cabo la investigación propuesta y escribir un proyecto de investigación que define un grado o título o grado académico. Se estima que en los EUA y Canadá esta situación se presenta en el 50% de los casos. Las escuelas han sugerido que la facultad y la administración tienen la culpa (Cassuto, 2013).

Para Jacobs (2006) TMT suena como un término de lujo. Esta pequeña fase sin embargo, causará muchos momentos de ansiedad y es el equivalente académico al purgatorio. No se esta ni en el infierno o en el cielo, sino en un estado de incertidumbre perpetua.

En su análisis Jacobs (2006) pregunta ¿qué es exactamente este TMT?, y responde que un estudiante de posgrado tiene que cumplir con ciertos criterios en cuanto a cursos, seminarios, trabajos de laboratorio y quizá, por supuesto, un proyecto de investigación. Por lo general, habrá un período en el que todo lo anterior se ha logrado con éxito, excepto la presentación real y la defensa exitosa de la tesis. En esta etapa usted es clasificado como TMT Este estado continúa hasta que se haya presentado y defendido la tesis u otras medidas administrativas intervienen con éxito. Por ejemplo, hay un límite de tiempo de cuánto tiempo puede mantener el status TMT.

Este estado TMT puede surgir de varias situaciones. Por ejemplo, un embarazo o enfermedad que interviene pueden obligar a un largo descanso de los académicos. También puede haber interrupciones por situaciones psicológicas o por exigencias de servicio público o militar. No importa la forma en que se produce este será sin duda un período traumático y ansioso. El estudiante está tan cerca de un hito importante en su vida, y también a la vez muy lejos. Para algunos es una ruptura casi completa en la relación con la universidad, mientras que otros pasan este tiempo restante como estudiantes de forma indefinida (Jacobs, 2006).

Universia es una red iberoamericana de colaboración universitaria que trabaja para ofrecer a la comunidad universitaria un espacio común de intercambio de conocimiento y cooperación a través de la formación, la cultura, la investigación y la colaboración con la empresa, contribuyendo de esta forma al desarrollo sostenible de la sociedad. Universia consiste de 1,1000 universidades in 15 países: Andorra, Argentina, Brasil, Chile, Colombia, Spain, Mexico, Panama, Paraguay, Peru, Portugal, Puerto Rico, Republica Dominicana, Uruguay y Venezuela. Universia ha enfocado al TMT como un *Síndrome Anti-Investigación*, explicando que después de invertir esfuerzos importantes, la finalización exitosa de proyectos de investigación y de ascenso genera una gran satisfacción individual. Sin embargo, existen ciertos obstáculos que deben ser superados para obtener ese importante logro académico y recibir un grado universitario sin cargos de conciencia (Universia, 2008).

Muchos estudiantes universitarios perciben a los proyectos de investigación como una especie de karma, un requisito sin valor alguno o, sencillamente, un requerimiento absurdo en la trayectoria de la formación universitaria. Sin embargo, no comprenden que negarse a elaborar una tesis puede ser consecuencia de estar sufriendo el *Síndrome Todo Menos Tesis (TMT), Todo menos investigación (TMI) o Todo menos ascenso (TMA),* los cuales hacen presencia en la mayor parte de las universidades y se consideran una afección que, en algunas situaciones, requiere asistencia médica. Se ha reconocido que existe un importante porcentaje de profesores y alumnos que no culminan sus proyectos de grado o de ascenso en los tiempos establecidos. Por ejemplo, algunos estudiantes finalizan sus materias y no entregan los proyectos de grado, perdiendo así la oportunidad de obtener oficialmente el título académico. Paralelamente, muchos docentes se mantienen durante largos períodos de tiempo como asistentes por no entregar sus proyectos de ascenso, necesarios para obtener un mejor cargo en la institución en que trabajan (Universia, 2008).

Universia (2008) ha formulado la siguiente pregunta ¿qué hacer para no sufrir de alguno de estos síndromes? ¿Es posible superarlos sin morir en el intento?

Modelo de Causas Patológicas de Salinas

Salinas (1998) reporta que aunque se ha escrito mucho sobre las "patologías" conocidas como *Síndromes TMT y TMA*, al contrario de lo esperado, el número de personas que las sufren, cada día es mayor en las universidades. Estos síndromes afectan específicamente al ámbito académico, representado por estudiantes universitarios, tanto de pregrado como de postgrado y con mucha mayor fuerza a los profesores universitarios. Algunos estudiantes no los consideran una "enfermedad" sino más bien como un "karma". Es interesante ver como pocos reconocen su presencia, conviviendo con estos síndromes, la mayoría les teme, y muchos los odian.

El principal síntoma en el *enfermo*, asegura Salinas (1998), "sea tesista o profesor, es el sentimiento de frustración, culpabilidad e irresponsabilidad. En muchos casos se presenta la abulia o la misantropía. También puede haber falta de interés por el futuro propio y el de su entorno académico. En casos graves puede llegar al estrés, la depresión o a la agresividad. Algunos *pacientes* pueden contagiar su mal con todos sus síntomas a otras personas susceptibles o que estén en situación similar".

Estos *síndromes* afectan a una población importante causando un terrible mal. La estabilidad psicológica del individuo se ve afectada, ya que se forma un sentimiento de culpa ante la situación económica que sufre, debido a que al no recibir el grado académico universitario, el postgrado o la clasificación profesoral, los niveles de ingresos económicos del tesista o profesor se quedan paralizados. A su vez el entorno del individuo, especialmente el familiar, se ve afectado igualmente por las causas antes referidas, con lo que se altera la estabilidad familiar y en muchos casos se generan conflictos familiares sumamente graves y crónicos (Salinas, 1998).

De acuerdo a Salinas (1998), el clima laboral se altera, principalmente cuando se trata de estudiantes de postgrado y en los profesores universitarios. Este impacto en el clima laboral a su vez causa, entre otros elementos, un retraso en el nivel académico del grupo de trabajo, baja estima por comparaciones con los compañeros de trabajo que han superado estos síndromes y, en algunos casos, falta de apoyo financiero a las actividades docentes, de investigación o de extensión del grupo. "A su vez, el grupo donde una o más personas sufren la enfermedad, daña por extensión a la institución, sea esta sin fines de lucro, como en el caso de las universidades, y peor aún en aquellas con fines de lucro, tal como empresas, corporaciones, etc., en las cuales pueden disminuir de las ganancias, que es su fin principal y su razón de ser. Todo lo anterior, por supuesto, conduce a debilitar a la sociedad en general, es decir, al país, ya que una sociedad o país con instituciones débiles y enfermas no es capaz de desarrollar todas sus potencialidades".

Entre las diversas causas responsables de este síndrome, Salinas (1998), menciona las siguientes como más importantes:

- La falta de motivación por parte del "paciente", es decir, el enfermo no siente ninguna necesidad, mucho menos deseo, de aprobar sus requerimientos académicos.

- Muchas veces ni el aliciente económico, mucho menos el de prestigio personal, institucional o social, lo convencen de realizar la "terapia" necesaria.

- En muchos casos dicen que la investigación científica o humanística es sólo para genios.

- En otros casos, dicen que no hay un tema que sea "interesante" o "importante", o de "actualidad", u "original", o de cualquier otra índole, para estar a la altura del "paciente" en particular.

- A veces se dice que la investigación es aburrida, fastidiosa, simplona o tediosa. Que no le deja nada a nadie.

- Algunos de estos "pacientes" señalan que esos trabajos no sirven para nada y aún cuando sirvan para algo siempre se quedan engavetadas en los estantes de las bibliotecas.

- Otros aducen que la investigación es estresante y puede llevar a la angustia y la depresión.

Algunos señalan que se "trancan" antes o después de comenzar.

- Algunas personas indican como causa la falta de tiempo. Ciertos individuos indican que su familia o su oficio no les permiten realizar la investigación.

- Hay casos donde se aduce la falta de recursos humanos especializados y capacitados, es decir, de un tutor, asesor, guía o consejero, que indique los pasos a seguir para "curar" el síndrome.

- A veces, cuando se consigue el tutor, se le abandona argumentándose que dicho tutor no tiene tiempo, no le presta la debida atención al "paciente", es un "ogro" (muy rígido y estricto), que es muy impasible e indiferente, que es inexperto, que no sabe dirigir el trabajo, que usa al "paciente" como su "esclavo" (ayudante incondicional), ya no le interesa más ese tema, nunca ha investigado, sólo tutorea a los que tienen calificaciones altas, cobra por la tutoría, quiere aprovecharse del trabajo para su propio beneficio, tiene celos profesionales del "paciente" porque éste es mucho mejor investigador, que sufrió también del síndrome y ahora quiere que el tutorado sienta lo que él padeció, que ha establecido una brecha entre él y el "paciente", que censura y critica exageradamente todo lo que hace el "paciente", que desconfía de todo lo que hace el "paciente" y a veces lo rechaza, que le sabotea el trabajo para que no lo culmine, y en casos extremos que no tiene preparación en el tema, o peor aún que le acosa de diferentes maneras.

• Algunos señalan como causa de estos síndromes, la falta de información documental, especialmente bibliográfica.

• También se indica como causa la falta de materiales, tales como equipos, insumos fungibles, ambientes o espacios para el trabajo.

- También se argumenta la falta de sujetos de estudio, pacientes, etc.

- En otros casos se indica la falta de personal de apoyo, tal como ayudantes, laboratoristas, enfermeras, secretarias, dibujantes, fotógrafo, estadístico, informático, etc.

- Otra deficiencia que se alude es la falta de recursos financieros para pagos de cualquier naturaleza, por extraña que parezca. En estos se incluyen los que tienen beca, créditos educativos, sueldos, o sus familiares tienen suficientes medios económicos.

- Igualmente se hace referencia como causa a la perfección como meta, es decir, que lo que se haga debe ser "perfectamente" perfecto. Debe recordarse que el peor enemigo de lo bueno es lo perfecto.

Modelo de Causas por Factores Personales

Rodríguez (2013) presenta una investigación en "El Síndrome de Todo Menos Tesis (TMT): Una fenomenología en estudios de postgrado hacia la resiliencia socioeducativa en los escenarios educativos venezolanos." Este estudio, considerado desde el punto de vista ontológico, buscó conocer el por que no se logra concluir los estudios de postgrado, y que factores personales están presentes. Además, de factores institucionales como la orientación metodológica y la facilitación de los docentes.

Los estudios realizados por Rodríguez (2013) indican que "TMT es aquel que define a un conjunto de estudiantes que habiendo concluido todas las asignaturas o requisitos de una carrera, se retrasan o no terminan la tesis. Es un problema multifactorial, estudiado durante más de 20 años, con múltiples causas, entre las cuales se encuentran el diseño curricular y su influencia en el rendimiento en postgrado, variables de tipo cognoscitivo afectivo y social, entre otras". Muchos estudiantes consideran el proceso de investigación como un karma, un paso absurdo en la escalera de la formación académica y esto es sinónimo del llamado Síndrome de Todo Menos Tesis (TMT).

Causas del TMT presentadas por Rodríguez (2013) son las siguientes:

• Falta de motivación

• Falta de seguridad en si mismo

• Exceso de confianza

• Tutores problemáticos

• Falta de tiempo

• Buscar excesivamente la perfección

Modelo de Causas por Variables Asociadas

Propuesto por Ramirez (2012), explica que la postergación es frecuente en el campo académico en la población de estudiantes universitarios, tanto de pregrado como de postgrado, encontrándose en estos últimos que solo culminan exitosamente su trabajo final de grado un 0,5% después de dos años de haber iniciado los estudios y un 10% después de 9 años (Valarino, 1999 en Ramirez, 2012). Dentro del marco conceptual de postergación académica se ha incorporado el término Síndrome de Todo Menos Investigación o Todo Menos Tesis, definiéndose como el fenómeno ocurrido entre los estudiantes que han completado los créditos de todas sus materias y a quienes solo les resta elaborar la tesis de grado para recibir su título académico, la cual postergan frecuentemente, convirtiéndola en un malestar subjetivo (University of Carnegie Mellon, 1995 en Ramirez, 2012).

En Estados Unidos TMT se traduce académicamente como ABD, por sus siglas en inglés *All But Dissertation* (Valarino, 1994 en Ramirez, 2012). Según Beck et al (2000 en Ramirez, 2012) esta situación se ha reportado como un problema entre el 70% de los estudiantes. La postergación implica fallas en la correcta percepción del tiempo del que dispone el estudiante. Para la mayoría de los estudiantes por graduarse, las posibles consecuencias de la postergación como el fallo en los exámenes y bajas calificaciones son efectos situacionales y no una deficiencia intelectual personal (Beck et al, 2000 en Ramirez, 2012). Ariely y Wertenbroch (2002 en Ramirez, 2012) demostraron la importancia de las fechas límites en el acto de postergar en estudiantes.

El síndrome TMT se ha estudiado escasamente a nivel mundial, sin embargo, es considerado un tipo de postergación específico dentro del marco conceptual de la postergación académica. En Venezuela se han realizado algunas investigaciones que dan luz al fenómeno y ayudan a entenderlo a nivel local (Ramírez, 2012).

Las variables estudiadas en el modelo son: demográficas, afrontamiento, razones expuestas como excusa de postergación de trabajo de grado y su vinculación con trabajos de ascenso, fechas límites, perfeccionismo, eficacia académica, orientación temporal, rasgos de personalidad, reglamento, requisitos y trámites, características de la tarea, del individuo que la realiza, el tutor, medio académico y el grupo de apoyo.

A continuación se presentan las variables de acuerdo a lo explicado por Ramírez (2012):

Variables Demográficas. Dentro del marco de la postergación académica, se observaron discrepancias que no permiten una conexión definitiva en cuanto a dicha variable y los demográficos edad, sexo y estado civil. Cabe resaltar que Soler (2006 en Ramírez 2012) encontró en su estudio del síndrome de Todo Menos Tesis en estudiantes doctorales, que el síndrome, se presentaba más en estudiantes solteros que en los casados. En referencia a que un proyecto doctoral al igual que un Trabajo de Ascenso implica cambios importantes en el estatus de vida del individuo más allá de la obtención de un grado académico, ya que ayuda a sustentar su grupo familiar.

Variable de Afrontamiento. Esta variable se refiere a la evaluación que hace una persona acerca de una situación con la finalidad de emitir una respuesta cognitiva o conductual determinada relacionada a sus aproximaciones. Es importante explicar que el significado de aproximación se fundamenta en que los procesos emocionales, que involucran al estrés dependen de las expectativas que el individuo tenga en cuanto a la relevancia de un evento específico. Este término explica las diferencias en calidad, intensidad y duración de las emociones subjetivas que despiertan reacciones o comportamientos en los individuos, que desde una perspectiva objetiva son idénticas para todas las personas. Las aproximaciones son determinadas por diversos aspectos externos o internos, estos últimos relacionados con metas, disposiciones, valores y expectativas. Las aproximaciones externas pueden ser explicadas según el control, predictibilidad, inminencia o presencia de un evento con potencialidad de ser estresante (Krohne, 2002 en Ramírez 2012).

Variable Excusa de Postergación de Trabajo de Grado

Se ha afirmado que la principal área de postergación reportada por estudiantes del último semestre fue la realización de la tesis y la principal razón expuesta como motivo para la postergación de la tesis era la presencia de otras actividades y, en segundo lugar, el motivo que se consideró real fue el desagrado ante esta tarea: **"Simplemente no me gusta realizar trabajos de grado, monografías o tesis"** (Estaba y Ramírez, 2005 en Ramírez, 2012).

Variable Fecha Única Límite. El desconocimiento a la autoridad como comportamiento de afrontamiento utilizado ante la postergación de un proyecto final o tesis (Estaba y Ramírez, 2005 en Ramírez, 2012), se encuentra correlacionada con la molestia ante la presencia de una fecha límite como una imposición externa. La resultados reportados por Ariely y Wertenbroch (2002 en Ramírez, 2012), evidencian que la existencia de una sola fecha límite reducía la eficacia en la terminación de la tarea, en contraposición a períodos de entrega establecidos en varias etapas.

Variable Perfeccionismo. Dentro de los estudios de postergación de la tesis, se ha determinado que existe una correlación positiva entre perfeccionismo social y postergación académica que conlleva a que la imagen que la persona desea proyectar ante el grupo social influye en el desempeño de sus tareas de forma adecuada, de forma contrapuesta a aquellos que quieren lograr el perfeccionismo como objetivo personal y no externo (Gordon et al, 1992 en Ramírez, 2012). Otro estudio correlacionó el miedo a fracasar con el perfeccionismo social (Onwuegbuzie, 2000 en Ramírez, 2012).

Variable Eficacia Académica. Esta variable ha sido estudiada en la postergación académica y ha dado evidencias de ser una variable mediadora significativa entre postergación y desempeño, además, entre postergación y perfeccionismo. Es necesario valorar las percepciones que tiene el tesista sobre las habilidades que posee para llevar a cabo un proyecto de investigación para correlacionarlo con los índices de postergación (Balkis, 2011 en Ramírez, 2012) y (Seo, 2008 en Ramírez, 2012).

Variable Orientación Temporal. Se refiere a factores que se han correlacionado con la tendencia a concentrase en distracciones del día a día, tales como fiestas y salidas (Lasane y Jones, 2000 en Ramírez, 2012).

Variable Rasgos de Personalidad.

Los individuos que tienen como característica un alto control de impulsos, quienes tienen capacidades para la planificación, organización y cumplimiento de las tareas, son personas que no postergan. En adición, se ha encontrado que los no postergadotes tienen *Autodisciplina* y *Necesdidad del Logro* como rasgos de conciencia, así mismo, *Asertividad* como rasgo de extroversión; indicando que los estudiantes no postergadotes inician las tareas y se mantienen motivados con ellas hasta que las terminan, manteniendo altos niveles de aspiración, diligentes, animosos, socialmente destacados y con los elementos necesarios para convertirse en líderes (Estaba y Ramírez, 2005 en Ramírez, 2012).

En el otro lado de la moneda, los individuos que tienen tendencia a ser agresivas, vulnerables y que con frecuencia presentan sentimientos de tristeza, con frecuencia son postergadores y sufren de postergación como un problema para terminar sus proyectos. Puede notarse que el rasgo conciencia está asociado con la entrega puntual de tareas de tipo académico y su ausencia lleva a presentarse a la postergación como un problema (Estaba y Ramírez, 2005 en Ramírez, 2012). Los estudiantes que padecen de postergación son aquellos que tienen altas características de impulsividad dentro del rasgo neuroticismo (Ramírez, 2008 en Ramírez, 2012).

Otro aspecto a considerar es que la rebelión a la autoridad es la razón que tienen de los estudiantes con altos niveles de ansiedad social de neuroticismo; y en los tesistas es la excusa que dan porque tienen una baja capacidad de motivarse a sí mismos para finalizar las tareas académicas, es decir, tiene muy bajos los niveles de autodisciplina del rasgo conciencia (Ramírez, 2008 en Ramírez, 2012).

Variables Características de la Tarea, del Individuo que la Realiza, el Tutor, Medio Académico y el Grupo de Apoyo. El síndrome de TMT se encuentra estrechamente vinculado a un área específica por lo que es definida como una postergación situacional, la cual esta asociada a las características de la tarea. En relación a las características que debe tener un individuo para no ser afectado por la postergación y entregar la tesis o trabajo final en la fecha establecida, los autores han descrito diversos perfiles favorables (Ramírez,

2012). El tutor y su función de apoyo han sido definidos por Soler (2006 en Ramírez, 2012) y Lugo (2005 en Ramírez, 2012) como importantes factores explicativos del síndrome del TMT.

Durante toda la elaboración del proyecto de grado la presencia de un asesor es asignada por la institución y es referida por los estudiantes, como un fuerte factor de postergación, adjudicando su fracaso a una supervisión y orientación deficientes. Si tomamos en cuenta este tipo de percepción como punto de partida, ¿Qué tanto está preparado el estudiante universitario para realizar parte de su trabajo por su cuenta?

En lo que se refiere a la institución académica, Soler (2006 en Ramírez, 2012) reporta en su investigación documental que el TMT no es solo falla del estudiante sino de la institución. En estudios realizados en 21 programas de maestría de la Universidad del Zulia en Venezuela, sobre el síndrome de TMT, se encontró que los factores como el financiamiento y la infraestructura fueron factores negativos en la realización de trabajos de investigación (Ferrer y Malavé, 2000 en Ramírez, 2012).

Otro factor que se ha destacado en el desempeño de trabajos de investigación es el grupo de apoyo del tesista. En este respecto, Soler (2006 en Ramírez, 2012) recabó información sobre la importancia de los grupos de apoyo y su aplicación como coadyudantes en la batalla contra la postergación académica de los estudiantes.

Las preguntas que pueden servir de base para iniciar investigaciones en estas áreas, entre ellas algunas planteadas por Ramírez (2012) son: ¿cómo percibe un investigador una tarea académica en la que no recibe ayuda cuando debe administrar su tiempo también en múltiples actividades laborales?; en el caso de temas extensos e investigaciones longitudinales, a pesar de poseer ayuda o llevar un proyecto de extensión con colaboradores, ¿cómo se vivencia que el proceso de elaboración final recaiga en una sola persona?; en momentos de tener dudas o estancamiento; el proceso de varias personas formalmente trabajando en una idea, ¿no mejora su calidad en tiempos de diversidad de pensamientos, eficacia y administración del tiempo?

La mayoría de las investigaciones, de acuerdo a Ramirez (2012), se han enfocado en medir niveles de postergación mediante la aplicación de encuestas y de su correlación con otras variables, mientras que muy pocas investigaciones se han llevado a cabo sobre cómo son percibidos este tipo de estudiantes. Es por ello que en la academia no se encuentran suficientes reportes de investigación de cómo se describen a sí mismos los enfermos académicos de TMT en cuanto a su conducta.

Ferrari (2010) señala que una investigación de la Universidad de York en Canadá, demuestra que muchos estudiantes de doctorado se consideran a sí mismos como impostores que no tienen habilidades para lograr el éxito, así que no terminan su tesis doctoral como una forma de confirmar que son incompetentes al no culminarla, lo que los lleva a una situación donde terminan todo los cursos requeridos pero no pueden graduarse por no poder entregar el trabajo final. Una investigación reportó que las victimas crónicas de TMT presentan sentimientos negativos acerca de su auto concepto y tácticas de presentación, sin mostrarse conformes consigo mismos (Ferrari et al, 2007).

Propuestas de Solución

El Modelo de Eun Hee Seo

En un estudio para suministrar un mejor entendimiento sobre la auto-eficacia como mediadora en la relación entre el perfeccionismo auto-orientado y la postergación académica, Seo (2008) llegó a dos conclusiones:

El primer hallazgo importante fue que la autoeficacia media por completo la relación entre el perfeccionismo orientado hacia sí mismo y la postergación académica. Este hallazgo sugiere que la postergación es dependiente de la interacción compleja de factores intrapersonales. Este hallazgo es similar a los hallazgos de Flett, Hewitt, y colegas (1995) y Martin et al. (1996), quienes sugirieron que el perfeccionismo y la postergación son dos constructos de personalidad que tienden a reflejar una disminución en el sentido de la eficacia personal. En concreto, la autoeficacia, completamente más que parcialmente, media la relación entre el perfeccionismo orientado hacia sí mismo y la postergación académica. Por lo tanto, la auto-eficacia juega un papel importante en la relación entre el perfeccionismo auto-orientado y la postergación académica.

El perfeccionismo orientado hacia sí mismo tiene funciones tanto adaptativas como desadaptativas. Aunque el perfeccionismo orientado hacia sí mismo puede ser asociado con consecuencias positivas, cuando se experimentan eventos de vida negativos (Hewitt et al., 1996), y cuando los perfeccionistas auto-orientados se encuentran en situaciones muy difíciles y competitivas (ver Enns et al, 2001), respuestas de mala adaptación como distorsiones cognitivas (Jung, 2000), baja autoestima, sentido de vergüenza y sentimientos de culpa (Hewitt y Flett, 1991; Pacht, 1984) es probable que se presenten. Por lo tanto, el perfeccionismo orientado hacia sí mismo puede tener un efecto positivo o negativo en la auto-eficacia dependiendo de la influencia del contexto ambiental. Este resultado implica que el efecto de la autoeficacia sobre la procrastinación académica también puede ser diferente en función de la interacción entre el perfeccionismo auto-orientado y el contexto ambiental.

La segunda conclusión importante del estudio es que el perfeccionismo auto-orientado a menudo conduce a una menor postergación académica. Este hallazgo apoya la idea de algunos investigadores anteriores (por ejemplo, Busko, 1998;. Frost et al, 1990; Park & Kwon, 1998; Saddler y Buley, 1999), quienes encontraron que la procrastinación académica está relacionada con el bajo perfeccionismo auto-orientado. Es decir, el perfeccionismo auto-orientado tiene una influencia positiva en la autoeficacia. Esto es consistente con la afirmación de algunos investigadores (Bandura, 1989; Mills & Blankstein, 2000) en cuanto a que los perfeccionistas auto-orientados muestran una alta autoeficacia. A su vez, la autoeficacia ha tenido una influencia negativa en la procrastinación académica. Esto es consistente con la afirmación de algunos investigadores (por ejemplo, Ferrari, 1991; Ferrari et al, 1992;. Haycock et al, 1993.; Lay, de 1992; Martin et al, 1996.; Tuckman, 1991; Tuckman y Sexton, 1992; Wolters, 2003) que la autoeficacia se relaciona negativamente con la procrastinación académica. En otras palabras, el perfeccionismo orientado hacia sí mismo parece tener una negativa influencia en la procrastinación académica.

Finalmente, los resultados de Seo (2008) sugieren que las intervenciones diseñadas para disminuir la postergación en los estudiantes podrían tener más éxito si se centran en el aumento de la autoeficacia de los alumnos. Las actuales intervenciones de postergación hacen hincapié en el desarrollo de habilidades de comportamiento, tales como auto-monitoreo, auto-recompensa (Green, 1982) y la gestión del tiempo (Brown, 1992; Eerde, 2003). Como se indicaron Solomon y Rothblum (1984), la postergación abarca más que los malos hábitos de estudio y la falta de gestión del tiempo. Se trata de una compleja interacción de comportamientos, cogniciones y afectos. Una eficaz intervención diseñada para superar la procrastinación académica debería incluir ejercicios relacionados con la exactas estimaciones de intervalos de tiempo, la mejora de la percepción de control de tiempo, y repetidas experiencias de que las tareas se han completado a tiempo con éxito.

REFERENCIAS

Amabile, T. M. (1993). Motivational synergy: Toward new conceptualizations of intrinsic and extrinsic motivation in the workplace. Human Resource Management Review, 3, 185–201.

Annals of Internal Medicine. Information for Authors. http://www.annals.org/shared/author_info.html#manuscript-text . Retrieved 3 February 2008. en Graf (2008).

Antonakis, John; Schriesheim, Chester A; Donovan, Jacqueline A; Gopalakrishna-Pillai, Kishore;

Argyrous, George. 2011. Statistics for Research. SAGE Publications Ltd. ISBN: 9781849205955 (Articulo 15)

Ariely, Dan y Klaus Wertenbroch. 2002. Procrastination, deadlines and achievement : Self Control by precommitment. American Psychological Society. 13 (3): 219-224.

Assan, Joseph. 2009. Writing the Conclusion Chapter: the Good, the Bad and the Missing. Department of Geography, University of Liverpool. Development Studies Association. Email:joeassan@liv.ac.uk. www.devstud.org.uk

Balkis, Murat. 2011. Academic efficacy as a mediator and moderator variable in the relationship between academic procrastination and academic efficacy. Eğitim Araştırmaları-Eurasian Journal of Educational Research. 45: 1-16

Behar Rivero, Daniel Salomón. 2008. Introducción a la Metodología de la Investigación. Editorial Shalom. ISBN 978-959-212-773-9

277

Berlyne, D. E. (1960). Conflict, arousal, and curiosity. New York: McGraw-Hill.

Berlyne, D. E. (1967). Arousal and reinforcement. In D. Levine (Ed.), Nebraska symposium on motivation (pp. 1–110). Lincoln: University of Nebraska Press.

Berlyne, D. E. (1971). Aesthetics and psychobiology. New York: Appleton-Century-Crofts.

Betacur López, Sonia Inés. 2012. Enfermera Docente Departamento de Salud Pública. Facultad de Ciencias para la Salud. Universidad de Caldas. www.promocionsalud.ucaldas.edu.co/downloads/Revista%205_4.pdf

Bloom, Benjamin. 1984. Taxonomy of Educational Objectives Book 1: Cognitive Domain. Addison Wesley Publishing Company; 2nd edition edition. ISBN-13: 978-0582280106

Borg, W. R., & Gall, M. D. (1989). Educational Research: An Introduction (Fifth ed.). New York: Longman.

Briones, Guillermo. 1996. Metodología de la investigación, Constructos, Variables e Hipótesis. Modulo de Investigación Social. ICFES.

Calduch Cervera, Rafael. 2012. Métodos y Técnicas de Investigación en Relaciones Internacionales- Curso de Doctorado. Universidad Complutense de Madrid.

Campbell, Donald T. & Stanley, Julian. 1963. Experimental and Quasi-Experimental Designs for Research. Wadsworth Publishing. 1ra. edicion.

Cassuto, Leonard (1 July 2013). "Ph.D. Attrition: How Much Is Too Much?". The Chronicle of Higher Education. Retrieved 12 April 2014.

Cazau, Pablo. 2006. Introducción a la Investigación en Ciencias Sociales. Tercera Edición. Buenos Aires, Marzo 2006. Módulo 404 Red de Psicología online – www.galeon.com/pcazau

CCEE. 2008. Metodología de la Investigación. Curso 2008. Universidad de la Republica. Facultad de Ciencias Economicas y de la Administración.

Chenail, Ronald J; Duffy, Maureen; St. George, Sally & Dan Wulff. 2009. Facilitating Coherence across Qualitative Research Papers. Weekly Qualitative Report Volume 2 Number 6 February 16, 2009 32-44.

Creswell, J. W. (2005). Educational research: Planning, conducting, and evaluating quantitative and qualitative research (2nd ed.). Upper Saddle River, NJ: Pearson Education.

Creswell, John. 1994. Research design: Qualitative & quantitative approaches. Sage Publications (Thousand Oaks, Calif.). ISBN 0803952546

Creswell, John. 2008. Research Design: Qualitative, Quantitative, and Mixed Methods Approaches. Sage Publications, Inc; 3ra edición. ISBN-13: 978-1412965576

Csikszentmihalyi, M. (1990). Flow: The psychology of optimal experience. New York: HarperCollins.

Curso: 2010-2011.
https://www.uam.es/personal_pdi/stmaria/jmurillo/Investiga
cionEE/Presentaciones/Curso_10/Inv_accion_trabajo.pdf

Day, H. I. (1971). The measurement of specific curiosity. In H. I. Day, D. E. Berlyne, & D. E. Hunt (Eds.), Intrinsic motivation: A new direction in education (pp. 99–112). New York: Holt, Rinehart & Winston.

De Heus, Nicole. 2012. How to formulate proper research questions and write a proper theoretical framework? http://vimeo.com/48142611

Deci, E. L. (1975). Intrinsic motivation. New York: Plenum.

Depue, R. A. (1996). A neurobiological framework for the structure of personality and emotion: Implications for personality disorders. In J. F. Clarkin &M. F. Lenzenweger (Eds.), *Major theories of personality disorder*(pp. 347–390). New York: Guilford.

Deshpande, Shripad B. 2008. Presentation of Results in A Research Paper. 11th Workshop on Medical Informatics & CME on Biomedical Communication.

Donald Ary, Lucy Chese Jacobs & Asghar Razavieh, Introduction toResearch in Education: Holt, Rinehart and Winston, Inc., 1984.

Estaba, María y Samanta Ramírez. 2005. Rasgos de personalidad y orientación temporal como variables relacionadas a la postergación académica. Tesis de pregrado publicada. Universidad Central de Venezuela. Caracas. (Venezuela).

Ferrari, Joseph, Mark Driscoll y Juan Díaz-Morales. 2007. Examining the self of chronic Procrastinators: Actual, Ought, and Undesired Attributes. Individual Differences Research. 5(2): 115-123.

Ferrari, Joseph. 2010. Still Procrastinating?. John Wiley & Sons. Canadá

Ferrer de Valera, Yaritza y Mara Malavé Hernández. 2000. Factores que inciden en el síndrome de Todo Menos Tesis en las maestrías de la Universidad del Zulia. Opción.16 (31): 112-129.

Fortín, MF. 1999. El proceso de investigación: de la concepción a la realización. Madrid: McGraw-Hill; 1999.

Fredrickson, B. L. (1998). What good are positive emotions? Review of General Psychology, 2, 300–319.

Galloway, J. P. (1992), Teaching educational computing with analogies; A strategy to enhance concept development. Journal of Research on Computing in Education. 24.(4), 499-511.

Gascón, Yamila. 2008. El síndrome de Todo Menos Tesis "TMT" como factor influyente en la labor investigativa. Revista COPÉRNICO Año V. N° 9. Julio - Diciembre 2008.

Glass, Gene V; y Hopkins, Kenneth D. 1984. Statistical methods in education and psychology. Prentice-Hall (Englewood Cliffs, N.J.)

Gorini, Rosanna. 2003. "Al-Haytham the Man of Experience, First Steps in the Science of Vision", *International Society for the History of Islamic Medicine,*

Institute of Neurosciences, Laboratory of Psychobiology and Psychopharmacology, Rome, Italy

Graf, Jocelyn. 2008. Handbook of Biomedical Research Writing: The Results and Discussion Section. Hanyang University. Center for Teaching and Learning. English Writing Lab.

Gras, Arnau. 1980. Psicología experimental. Un enfoque metodológico. México: Trillas.

Haber, Judith & LoBiondo-Wood, Geri. 2002. Nursing Research: Methods, Critical Appraisal, and Utilization. Mosby, 5ta edicion. ISBN-13: 978-0323012874

Heitner, Keri L. 2012. Applied Researcher & University of Phoenix Faculty Member.

Hernández Sampieri, Roberto; Fernández Collado, Carlos y Baptista Lucio, Pilar. 2004. McGraw-Hill Interamericana. México, D. F. Cuarta edición.

http://curiosity.discovery.com/question/curiosity-important-for-research

Hyde, Kenneth F. 2000. Recognising deductive processes in qualitative research. Qualitative Market Research: An International Journal, Vol. 3 Iss: 2, pp.82 - 90

Institute of International Studies de la Universidad de California. 2011. http://iis.berkeley.edu/content/dissertation-proposal-resources

Institute of International Studies' Online Dissertation Proposal Workshop: http://globetrotter.berkeley.edu/DissPropWorkshop

Izard, C. E. (1977). Human emotions. New York: Plenum.

Jacobs, Roy. 2006. Graduate Student Stories of Living Life with an Abdall but Dissertation Status. http://www.educationspace360.com/index.php/graduate-student-stories-of-living-life-with-an-abdall-but-dissertation-status-30857/

Johnson, R. B., & Christensen, L. B. (2004). Educational research: Quantitative, qualitative, and mixed approaches. Boston: Allyn and Bacon.

Kashdan, Todd B; Rose, Paul and Fincham, Frank D. 2004. Curiosity and Exploration: Facilitating Positive Subjective Experiences and Personal Growth Opportunities. Journal of Personality Assessment, 82(3), 291–305.

Kerlinger, F. N. 1956. The Language of Approach of Science.

Kirk, J., Miller Marc L. (1986). Reliability and Validity in Qualitative Research. Newbury Park, CA, Sage

Krapp, A. (1999). Interest, motivation, and learning: An educational-psychological perspective. European Journal of Psychology in Education, 14, 23–40.

Krathwohl, D. R. Methods of Educational & Social Science Research: An Integrated Approach. 1st Ed. 1993, 2nd Ed. 1998, New York: Longman, also Long Grove, IL: Waveland Press; 3rd Ed 2009, Waveland Press.

Krohne, Heinz. 2002. Stress and Coping Theories. Recuperado el 21 de mayo de 2012 de la página official de la Universidad Freie de Berlín: http://userpage.fu-berlin.de/~schuez/folien/Krohne_Stress.pdf

Lindberg, D.C. 1976. Theories of Vision from al-Kindi to Kepler. Chicago, Univ. of Chicago Pr. pp. 60–70.

Lugo, Yadely. 2005. Estudio exploratorio: postergación en la realización del trabajo de grado en estudiantes de las escuelas de Psicología, Filosofía e Historia de la Universidad Central de Venezuela. Facultad de Humanidades y Artes. Universidad Central de Venezuela. Caracas (Venezuela).

Lund, Adam and Lund, Mark. 2010. Lund Research Ltd. Types of quantitative research question. http://dissertation.laerd.com/articles/types-of-quantitative-research-question.php

Macleod Clark, J. & Hockey, L. *Research for Nursing: A Guide of for the Enquiring Nurse*, Wiley, Chichester, 1981.

Marzano, Robert & Kendall, John S. 2006. The New Taxonomy of Educational Objectives. Corwin Press; 2nd edition. ISBN-13: 978-1412936293.

Menzies, Tim & Compton, Paul. 1997. Applications of Abduction: Hypothesis Testing of Neuroendocrinological Qualitative Compartmental Models Artificial Intelligence in Medicine, 10, 1997, 145-175. http://www.cse.unsw.edu.au/~timm/pub/docs/96aim.ps.gz WP:a/96/a/aim/words(May 11, 1999).

Nateras González, Martha Elisa. 2005. La importancia del método en la investigación. Espacios Públicos, vol. 8, núm. 15, febrero, 2005, pp. 277-285. Universidad Autónoma del Estado de México. México

Ocholla, Dennis & Roux, Jerry. 2011. Conceptions and misconceptions of theoretical frameworks in Library and Information Science Research. 6th Biennial Prolissa Conference, Pretoria 9-11 March 2011

Onwuegbuzie, Anthony J. 2006. Linking Research Questions to Mixed Methods Data Analysis Procedures. The Qualitative Report Volume 11 Number 3 September 2006 474-498. http://www.nova.edu/ssss/QR/QR11-3/onwuegbuzie.pdf

Pellegrini, Ekin K. & Jeanne L. Rossomme. 2003. The Complexity, Science, and Assessment of Leadership. Methods for Studying Leadership.

Ramírez Casanova, Samanta Matilde. 2012. Variables Asociadas al Síndrome de Todo Menos Tesis (TMT). Trabajo de Ascenso presentado para optar a la categoría de Asistente en el escalafón de Personal Docente y de Investigación. Universidad Centroccidental "Lisandro Alvarado" Decanato Experimental de Humanidades y Artes Programa de Licenciatura en Psicología.

Ramírez, Samanta. 2008. Rasgos de personalidad y orientación temporal como variables relacionadas a la postergación y rendimiento académico. Tesis de Postgrado Publicada. Universidad Central de Venezuela. Caracas. (Venezuela).

Reynolds (1971), A primer in theory construction. Indianapolis: The Bobbs-Merill Company Inc.

Rodríguez de Hofstätter, Milagros C. 2013. El Síndrome de Todo Menos Tesis (TMT). Una Fenomenología en Estudios de Postgrado en los Escenarios Educativos. Revista Electrónica de Investigación y Postgrado - Universidad

Nacional Experimental de los Llanos Centrales Rómulo Gallegos. Año 2 No. 3: Septiembre - Diciembre 2013.

Rodríguez, Sara et al. 2011. Métodos de investigación en Educación Especial 3ª Educación Especial

Salinas, Pedro José. 1998. El Síndrome TMT y El Síndrome TMA. Síntomas, Efectos, Epidemiología, Etiología, Terapia y Contraindicaciones. MedULA, Revista de Facultad de Medicina, Universidad de Los Andes. Vol. 7 N° 1-4. 1998. Mérida. Venezuela.

Sarantakos, Sotirios. 2005. Social Research. Palgrave Macmillan; 3 edition

Sarker, Shameema. 2012. University of Phoenix Faculty Member. http://curiosity.discovery.com/question/curiosity-important-for-research

Seo, Eun Hee. 2008. self-Efficacy As A Mediator In The Relationship Between Self-Oriented Perfectionism And Academic Procrastination. Social Behavior & Personality: An International Journal. 36 (6): 753-764.

Silva Lira, Iván. 2003.). Metodología para la elaboración de estrategias de desarrollo local. Instituto Latinoamericano y del Caribe de Planificación Económica y Social (ILPES. Dirección de Gestión del Desarrollo Local y Regional.

Soler, Olga. (1995). La administración de actividades como un problema conductual: evaluación conceptual y proposiciones terapéuticas. Tesis de Maestría. Universidad Central de Venezuela. Caracas. (Venezuela).

Soler, Olga. (2006). Identificación y análisis de los patrones de postergación en Venezuela. Tesis Doctoral. Universidad Central de Venezuela. Caracas, Venezuela.

Spanjaard, D. & Freeman, L. (2006), Is Qualitative Research always Exploratory?, Conference 2006, Hosted by the School of Advertising, Marketing and Public Relations, Faculty of Business, Australian and New Zealand Marketing Academy (ANZMAC), Qut 4-6 December, Brisbane Queensland.

Spielberger, C. D., & Starr, L. M. (1994). Curiosity and exploratory behavior. In H. F. O'Neil, Jr. & M. Drillings (Eds.), Motivation: Theory and research. (221–243). Hillsdale, NJ: Lawrence Erlbaum Associates, Inc.

The University of **Essex**. 2012. The Department of Psychology Guide to Writing Research Reports. http://www.essex.ac.uk/psychology/department/az_files/guid e%2520to%2520writing%2520research%2520reports.pdf&e i=rspnungmempyahg9yhidw&sa=x&oi=unauthorizedredirec t&ct=targetlink&ust=1348981174805891&usg=afqjcnfcd0m kuvycvroqjolb80bxf695nw

·UADSC. 2012. Division de Estudios de Posgrado Protocolo de Proyecto de Investigación. www.uamfhg.uat.edu.mx/posgrado/images/.../protocolonuev o.pdf

Universia. http://noticias.universia.edu.ve/vida-universitaria/noticia/2008/07/01/162711/todo-menos-tesis-superalo-graduate.html

Valarino, Elizabeth; Yáber, Guillermo y Cemborain, María Silvia. 2011. Diseño curricular por competencias, postgrado y TMT (Todo Menos Tesis). Reunión del Núcleo de

Autoridades de Postgrado. Caracas, septiembre 2011. Universidad Simón Bolívar.

Wehrs, W. E. 1992. Using an expert system to support academic advising. Journal of Research on Computing in Education, v24 n4 p545-62 Sum 1992.

Wilburn, Sharon & Wilburn, Kenneth. 2012. Developing Measurable Program Goals and Objectives. University of North Florida. Florida Department of Education Academic Achievement through Language Acquisition.

Zeidler, D. L. (2007). What is a Theoretical Framework? University of South Florida. Available. http://www.coedu.usf.edu/jwhite/secedseminar/theoryframe. pdf (Accessed 11 November 2010)

Zikmund, William G. 2009. Exploring Marketing Research. Harcourt College Pub; 7th edition.

EL AUTOR

El Dr. José Luis Abreu tiene un título de Bachelor (Ingeniero) de la University of Southwestern Louisiana, el Grado de Maestría de la California State University, una Maestría en Administración de Empresas de la Universidad Rafael Urdaneta (Venezuela) y el título de Doctorado en Ciencias Mención Gerencia de la Universidad Rafael Belloso Chacin (Venezuela). Ha publicado varios libros en los campos de la filosofía, ética y gerencia.

Actualmente es Profesor Investigador de la Universidad Autónoma de Nuevo León (Monterrey, México), y además, es profesor invitado en varias universidades latinoamericanas de prestigio.